U0233255

这不是你以为的数学

[英] 穆库尔·帕特尔 / 著

[印度] 苏普利亚·萨海 / 绘

王茜 / 译

中国出版集团

中译出版社

图书在版编目（CIP）数据

这不是你以为的数学 / (英) 穆库尔·帕特尔著；
王茜译 . -- 北京：中译出版社，2022.5
书名原文：We've got your number
ISBN 978-7-5001-7009-9

Ⅰ . ①这… Ⅱ . ①穆… ②王… Ⅲ . ①数学—少儿读
物 Ⅳ . ① O1-49

中国版本图书馆 CIP 数据核字 (2022) 第 048168 号

著作权合同登记：图字 01-2022-0159

这不是你以为的数学

We've got your number

策划编辑：吴 第　胡婧尔
责任编辑：林 勇
营销编辑：张 猛　王子超
封面设计：杨西霞
内文设计：书情文化

出版发行：中译出版社
地　　址：北京市西城区新街口外大街 28 号普天德胜大厦主楼 4 层
邮　　编：100088
电　　话：（010）68359827，68359303（发行部）；（010）68002876（编辑部）
电子邮箱：book@ctph.com.cn
网　　址：http://www.ctph.com.cn

印　　刷：北京博海升彩色印刷有限公司
经　　销：新华书店
规　　格：787 毫米 × 1092 毫米　1/16
印　　张：6
字　　数：70 千字
版　　次：2022 年 5 月第 1 版
印　　次：2022 年 5 月第 1 次

ISBN 978-7-5001-7009-9　　　　　定　　价：79.00 元

目录

数学是什么？

数学是什么？首先，数学可不是简单的加减乘除。数学不是科学，但科学的发展离不开数学。数学更像是一门艺术。它充满活力，不断见证新发现、新发明、新想法和新应用。

"数学"（mathematics）源自希腊语中 mathema 一词，意思是"知识"。

算术、几何和代数都是数学的重要组成部分，但总体而言，数学可以概括为"创造和应用模式的学问"。19世纪的"数学全才"亨利·庞加莱称数学为"一门赋予不同事物同一个名字的艺术"。所以，当你按照某种规则给事物分类时，你就是在创造并应用某种模式。

神奇的页码

翻翻看，你是否发现这本书的页码不同寻常？

每一页上都有两个页码，上面的是普通页码，页码数字从 0 到 9，"逢十进一"，这就是我们常用的十进制记数法。其实，十进制并不是唯一的记数方式，因此，在普通页码下方，我们还采用了计算机系统使用的十六进制记数法（如本书第 14~15 页所示）进行编码。

十六进制不仅使用数字 0~9 编码，还用到了 A、B、C、D、E 和 F 这几个字母。例如，十六进制里的"1B"就等于 $1×16+1×11=27$。

音乐能够通过计算带给人心灵的愉悦，尽管人们并没有意识到自己是在计算。音乐是数学在灵魂中无意识的运算。

——戈特弗里德·威廉·莱布尼茨
（1646—1716）

科学还是艺术？

卡尔·弗里德里希·高斯有"数学王子"的美称，他曾将数学赞为"科学皇后"。但是，数学真的是科学吗？科学主要由实验和根据来提出理论，并通过不停地实验来发展理论，而数学看重的是确凿的证据。只有从既定的起点出发，通过逻辑推理，才能够最终证实一件事。不能因为这个过程涉及了逻辑，就说这是唯一的论证过程。

试一试

俗话说得好，"心动不如行动"，发现数学之美的最好方法莫过于亲自一试！为此，本书专门设计了"试一试"模块，许多有意思的问题在此等候，期待着你的头脑风暴。不过，别担心，这不是考试啦，只是帮助你进一步了解数学家们研究的问题和研究思路。要是你百思不得其解，也不要紧，答案就列在第92页，供你参考。

在查看答案之前，不妨先做些研究。网络是开展合作的绝佳平台。许多人（包括你们这样的孩子）就是通过网络建立联系，合作证明了许多定理。合作的门槛有时并不高，比如"互联网梅森素数大搜索"（Great Internet Mersenne Prime Number Search）这个平台就不需要参与者掌握很多数学知识。

新一代数学家正在成长，说不定你就是其中一员。即使你觉得数学很难也不要灰心，因为就连爱因斯坦也曾为数学伤透脑筋！

我必须……？

> 云不是球状，山不是圆锥，海岸线不是圆形，树皮不光滑，闪电也不是沿着直线传播。
>
> ——伯努瓦·曼德勃罗（1924—2010）

庞加莱称数学是一门"艺术"，因为数学不是简单地遵循规则，获得答案，而必须在研究过程中创造、探索、调整，甚至做思想斗争。数学家身兼数职，集画家、冒险家、杂技演员和骑士于一身。如果你问一位数学家到底在寻找什么，答案不出意外是"美"或"优雅"。

数学家是何方神圣？

数学家是随时随地发现数学模式的人。

在数学家眼里，树枝、肥皂泡、音乐、建筑，甚至是公共汽车的路线，都有模式。除此之外，数学家上知天文，下知地理：他们能描述气候如何变化，发丝如何随风飘动；他们能观察植物的生长、水的流动，设置或破解密码，还能引导太空飞船前往遥远的星球；他们知道如何花样系鞋带，也知道飞机票的收费标准。他们还是研究"无穷"的专家！

发现还是发明？

数学是被发现的还是被发明的？数学定理在一定条件下，放诸四海而皆准，比如中国、古希腊及其他地方都发现了勾股定理，并在这些地方都同样适用。但是为了研究数学，人们发明了不同的方法。中国古代的数学家善于解决实际问题，古希腊数学家则倾向于证明想法和寻找数学之美。因此，尽管数学定理似乎存在于某处，等待着人们去发现，但为了抵达那里，人们各有各的路，有时还会另辟蹊径。

数列

数列（按某种顺序排列的数字）是数学里的一个重要概念。从本书第 11 页开始，每一章奇数页上方都有一个数字序列，这些数字以一种特定的方式排列，你能找到其中的规律吗？

每一章开篇都有提示，答案将在第 92 页揭晓。

数学家并非独行侠，他们非常善于与他人合作——从别的数学家、物理学家到工程师、动物学家、计算机程序员、神经外科医生和城市规划师，有时甚至还要与时装设计师打交道！

通过本书，你可以领略到数学的真实样貌：在我们这个宇宙中最细微的角落和最遥远的疆域，你都能找到数学这个多姿多彩、奇异美丽的存在。

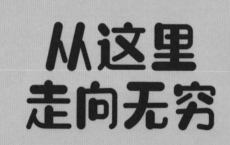

从这里
走向无穷

小提示！

第10—19页：注意数字在数列中的位置……

第20—31页：一切尽在形状里。

你知道什么是数学定理吗？定理就是在一定条件下，四海皆准，永远为真的陈述，例如，"没有最大的质数"就是一个定理。

数学的发展速度十分惊人。100年前，大概100本书就能容纳所有数学知识，而今天，10万本书还不一定能装得下！

不过，知识无穷无尽，还有许多数学问题等待探索，大多是新问题，但也有些已有几百年的历史了。

古代数学家主要研究数字和计数方式。古希腊人有所不同，他们对几何和形状更感兴趣。在亚洲，人们用数学解决实际问题，后来到中世纪，阿拉伯文化发展至顶峰，中西文化交汇，代数等数学方法得以发展。欧洲在17世纪成为数学中心，而今天，数学已经渗透到世界各国人们生活的方方面面了。

宇宙里的计数

刻划计数实在太慢了。

计数始于史前时期，解决了当时记录事物数量的难题。经过一代代人的努力，人类终于把计数方式和被计数的事物分开了。

大约3.5万年前，人类通过在骨头上划记号计数。也许那时他们是在记录捕猎动物的数量，或者看到满月的次数。但这种刻划计数方式实在太慢，因为只用形状"1"来计数，要记录20个事物的话，就得做20个这样的标记。

数字诞生啦

大约1万年前，计数方式发生了变化。当时美索不达米亚（基本位于今天的伊拉克境内）出现农耕。农民整日繁忙，既要记录季节变化、标记耕地，又要计算庄稼收成，他们没有时间慢慢刻划计数。于是，这个地区的苏美尔人便用抽象符号代替刻划标记，他们把1写成，9写成，10写成。

这便是计数抽象化的开始。现在我们可以用代表数量的符号来标记一组物体的数量了。

计数漫漫路，人生苦短时。

苏美尔人通过将图形符号刻在泥板上来书写数字和文字。

计数方式

许多古人会用身体部位来计数（所以英语中表示"数字"一词的"digit"也可以表示"手指"）。印度的音乐家能用一只手数出多达16种的节奏（如上图所示）。

其他民族也有独特的计数方法，例如，北极地区的萨米人饲养驯鹿，便由此发明了一种"有味道"的计数方式——"poronkusema"。这个词由"poron"（鹿）和"kusema"（便）组成，因为驯鹿无法边走边排便，所以这一计量单位形容的就是驯鹿两次停下来排便之间的最远距离，大约为8千米。

认识宇宙

很快，计数便应用到其他领域，例如测量和称重。在古代，计数是认识宇宙的重要方式。那时的人们便观察到太阳和月亮是按规律运行的，这种周期性运行是了解宇宙运作、衡量时间流逝的关键。

仰望者

古巴比伦人、古玛雅人和古印度人都是观察天空的专家。他们把寺庙当作天文台，观察追踪天体运行，并根据日月运行规律制定精确的日历。日历对于农民来说至关重要，因为他们需要知道何时播种，何时收获。

蚂蚁也会数数吗？

蚂蚁非常神奇，它们可以记录自己在某一特定方向上行进的步数，并根据记录找到路。虽然这并不意味着蚂蚁理解什么是数字，但它们一定拥有一个惊人的自然计数系统。

数轴

是不是有人说了馅饼派？

提起数字，你可能会想到正整数，比如1或43，也可能会想到负整数，比如 −1 或 −13，但整数只不过是庞大数字王国的一小部分。

首先，数字可以无限大，也可以无限小。想象一下，以零为中点，正整数（比如1，2，3）向右延伸，直至 ∞（正无穷），负整数往零点左边延伸，直至 − ∞（负无穷），由此我们得到了一条在两个方向上无限延伸的整数线。

好的，这条整数线画得非常长，那么所有数字都能在上面占有一席之地吗？答案是：根本不可能。首先，在0和1之间，你就可以不断地拆分数字，比如一分为二、一分为三、一分为四……这样不断拆分下去，你能得到无数个分数，而这，还只是在0和1之间呢！

负数

古希腊人想破了脑袋也理解不了负数，比如，根本就没有 −3 个苹果这种说法。但如果你把负数看作普通数字，并且遵循算数规则，任何问题都能迎刃而解。

通向负无穷

-4310675647
-21,129
-1,329
-585
-126.33
-17
0
1

有用的工具

古印度和中国古代的数学家常用数学解决日常实际问题，因此他们使用起负数来几乎没有任何障碍。比如，负数可以用来表示某人所欠的债务。

0 … 9/3178 … 1/4 … 28/100 … 1/2 … 201/400 … 2/3 … 3/4 … 1

在0和1之间，以及所有其他整数之间，都存在无数个分数。

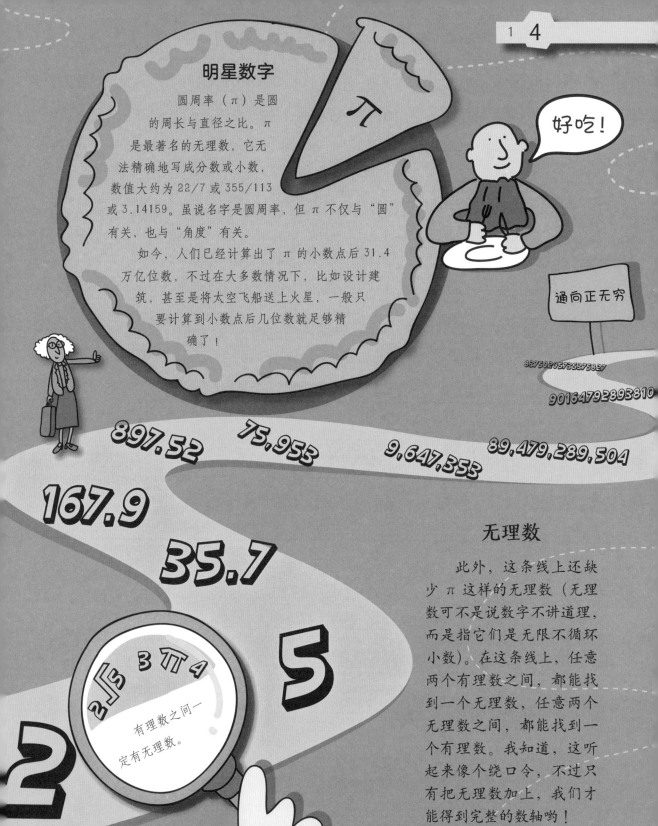

明星数字

圆周率（π）是圆的周长与直径之比。π是最著名的无理数，它无法精确地写成分数或小数，数值大约为 22/7 或 355/113 或 3.14159。虽说名字是圆周率，但 π 不仅与"圆"有关，也与"角度"有关。

如今，人们已经计算出了 π 的小数点后 31.4 万亿位数，不过在大多数情况下，比如设计建筑，甚至是将太空飞船送上火星，一般只要计算到小数点后几位数就足够精确了！

好吃！

通向正无穷

8375020573SB75827

90164792893810

897.52

75,953

9,647,353

89,479,289,504

167.9

35.7

$2\sqrt{5}$ 3 π 4

有理数之间一定有无理数。

5

2

无理数

此外，这条线上还缺少 π 这样的无理数（无理数可不是说数字不讲道理，而是指它们是无限不循环小数）。在这条线上，任意两个有理数之间，都能找到一个无理数，任意两个无理数之间，都能找到一个有理数。我知道，这听起来像个绕口令，不过只有把无理数加上，我们才能得到完整的数轴哟！

基数

我们习惯于以数字 10 为基础进行计数，而十进制常使用十、百、千、万等。但十进制的出现并非必然，如果我们只有 8 根手指，现在用的很可能就是八进制啦。

在数制中，各位数字所表示值的大小不仅与该数字本身的大小有关，还与该数字所在的位置有关，我们称这关系为数的位权。十进制数的位权是以 10 为底的幂，二进制数的位权是以 2 为底的幂，十六进制数的位权是以 16 为底的幂。数位由高向低，以降幂的方式排列。十进制记数法下，左边的数字位置的位权是其右边数字位置的位权的 10 倍。

多变的基数

我们的生活中仍有其他记数法的痕迹，例如，我们会按"打"（一打 12 个）买鸡蛋，把一年分成 12 个月。这些记数方式基于不同的基数。古时候，人们用过 5（五进制）、6（六进制）、8（八进制）、12（十二进制）甚至 20（二十进制）为基数的记数法。四进制（基数 4）很受欢迎，因为一头牛有 4 条腿。二进制（基数 2）和十六进制（基数 16）现在仍然应用在计算机系统中。

我的计算器怕是坏了……

———
① 时间周期包括分和秒；地理坐标包括经纬度的度、分和秒；角度也包括度、分和秒。

用于计算机的数字

二进制记数法中，通常用两个不同的符号 0（代表零）和 1（代表一）来表示，一位数就占一个比特（BIT）。BIT 是二进制英文"BINARY DIGIT"的缩写，也称"位"。

二进制转化为十进制就是以数字 2 为底数，进行幂的运算，再用加法规则求和。

$$
\begin{aligned}
& 1 \times 2^3 \\
+\ & 0 \times 2^2 \\
+\ & 0 \times 2^1 \\
+\ & 1 \times 2^0 \\
=\ & 9
\end{aligned}
$$

所以二进制的 1001 也就是十进制的 9。

只用两个符号意味着二进制数可以应用于任何具有两种状态的系统，例如，电路的开启和关闭。计算机采用二进制表示和传递数据，因为计算机实际上就是由数百万个开关组成的网络。

当然，二进制并不完美，它的不足就是遇到大数字的时候得写成一长串，比如数字 1025 写成二进制数需要足足 11 个比特（100 0000 0001），这时候就轮到十六进制大展身手了。二进制数变成十六进制数很容易，因为十六进制的基数是 2 的幂，2 刚好是二进制的基数。十六进制有 16 个符号：数字 0~9，再加上字母 A、B、C、D、E 和 F，它们分别代表 10、11、12、13、14 和 15。

与十进制、二进制相比，十六进制可以说是简约派，转写数字的时候可以少用很多位符号。例如，十六进制数字 F462B 只有 5 位，而它在十进制中需要 7 位数字（1 001 003）[1]，在二进制中则需要 20 位数字（1111 0100 0110 0010 1011）。

---

[1] 数字乘相应位置的位权求和，就能得到十进制的表示，如十六进制数字 F462B＝$15 \times 16^4 + 4 \times 16^3 + 6 \times 16^2 + 2 \times 16^1 + 11 \times 16^0$。

标注基数

你可以通过添加下标的方式来标注基数，例如，100_2 是二进制的 100，也就等于十进制的 4（4_{10}）。对于任意基数 b，10_b 转化为十进制就等于 b 本身。10_2 就是 2（十进制），10_{16} 就是 16（十进制）。

试一试
像计算机一样思考

二进制和十六进制之间的转换很容易。首先，每个十六进制数都能以 4 个比特为一组进行划分，其次，如果知道十六进制的 16 个数码对应的二进制数，转换过程就能如虎添翼。

例如，已知 $F_{16}=1111_2$，$3_{16}=0011_2$，F3＝1111 0011 便可脱口而出。

嗯……这不起作用啊……

神奇的零

不要把第一件事放在第一位，而是把第零件事放在第零位。你以为的零可能并不是你以为的零哟。

零代表"无"，这听起来很简单，不过你能想象"无"是什么样子吗？试着想想"零个橙子"，这和不想橙子结果一样吗？古希腊人热衷于研究零，他们坚信零也有意义，并且可以参与运算。最早期的数字系统中不包括零，但公元前3000年左右，古巴比伦人已经开始使用位值记数法了。

一个数的值取决于数字本身（如"0"或"1"）以及它在一串数字中所处的位置。古巴比伦人以60为基数进行计数，但六十进制是不完整的进制系统。

这里也是……

试一试

1=2 ？

零的特殊性质，使一切皆有可能。看看下面这两个方程式，$1 \times 0 = 0$ 和 $2 \times 0 = 0$，联立等式，我们可以得到 $1 \times 0 = 2 \times 0$，接着把两边都除以零。快看！零被抵消了，只剩下等式 $1 = 2$。结果看起来是不是不可思议？如果你想用这个式子去惊艳你的老师和同学，他们会怎么说呢？

遇见零……

零位于数轴正中间，正负数分列零的两侧，延伸至无穷。像2或−2一样，零是偶数，但它既不是正数也不是负数。零可以应用于加法，但任何数字加上零，大小都不发生改变。任何数字与零相乘结果还是零。作为除数，零颇具争议。过去人们认为，

一个数除以零可以得到无穷大，但今天，我们认为数字除以零是"无意义"的，也就是说零不能作为除数。如果将数字除以零应用到算术中，我们就必须承认1=2，那整个算术体系势必……乱成一锅粥……

$5 \times 0 = 0$
$5 - 0 = 5$
$5 + 0 = 5$
$5 \div 0 = ???!!$

数字串中时常出现空项，所以后来他们用一个占位符填补空项，这个占位符就起到今天的符号"0"在数字"101"中的作用。

零的除法

公元600年左右，印度最先将零纳入数字系统。印度思想家们可以对包括零在内的一些数字进行加减和乘法运算，但他们对零做除数的意义无法达成一致意见。

中美洲的玛雅人也提出了同样的想法。但零这个概念最早是从印度启程，传遍世界的。

婆罗摩笈多

7世纪左右的印度学者婆罗摩笈多可谓"慧眼识珠"。他是最早将0看作数字的人之一，并终生致力于攻克几何和代数难题。直到12—13世纪，零的概念逐渐经由阿拉伯学者传到欧洲各地。

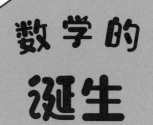

数学的诞生

数字简化了计数，但数学可不是只有数字哟。大千世界，多彩文化，从古时候开始，人们就懂得用数学认识和解释宇宙了。

我们的祖先热衷于探究数字的奥妙，有些甚至发明出非常先进的计算方式，例如，中国古代的数学家祖冲之就把圆周率（π）精确到了小数点后七位。

古希腊人在数学发展史上也起到了非常重要的作用。古希腊思想家有两个独特之处：第一，他们研究数字和图形不以应用为目的，只在乎研究对象本身；第二，他们会提出方法来证明或检验自己的想法。在他们看来，数学是理解世界的基础。"数学"这个词就源自希腊语，意思是"知识"。

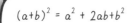

$(a+b)^2 = a^2 + 2ab+b^2$

毕达哥拉斯定理（勾股定理）

定理是得到证实的陈述，最著名的一个数学定理得名于古希腊数学家毕达哥拉斯。

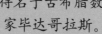

欧几里得

欧几里得（前325—约前265）是古希腊著名数学家、思想家。他著有《几何原本》（全13卷），记载了古希腊的数学知识。他提出用逻辑论证定理，这个方法在今天仍然适用。

让我们把视线转回公元前6世纪，古希腊数学快速发展，毕达哥拉斯在这时候提出了著名的勾股定理——在直角三角形中，斜边（最长的一边）的平方等于另外两条边的平方之和。

毕达哥拉斯和他的追随者认为宇宙的本质是数字，并宣称"万物皆数"。他进一步解释说，万物皆可写成单位的倍数，任意两个尺度可以写成单位的比值，比如 $1/2$ 和 $3/4$（后来，毕达哥拉斯的一个追随者发现了无理数，无理数无法写成比值。不过，这都是后话了）。

> 眼睛小小，智慧多多。

一条定理走天下

在其他文化里，毕达哥拉斯定理也是获得很多关注的问题。中国人想出了一个直观的方法证明这个定理：取四个直角三角形，假设短直角边为 a，长直角边为 b，斜边为 c。如下图所示，将三角形摆在正方形广场上，中间橙色方块的边长为 c，面积为 c^2。如右下图所示，将这些三角形重新排列，得到两个橙色方块，面积分别为 a^2 和 b^2。由于大正方形总面积不变，三角形面积也不变，所以我们可以得出 $a^2+b^2=c^2$。看，定理成立！

> 简直是中国人看希腊语，一窍不通！

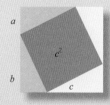

阿基米德

阿基米德（约前287—前212）是一位科学家，但他在数学上也卓有建树。他发明了处理极大数的方法，并依此估算出填满宇宙所需沙粒的数量（需要注意的是，阿基米德估算的宇宙半径，比现在科学家估算的小得多）。除此之外，他还发现了许多公式，这些公式可以精确地计算圆、圆锥和球体的面积和体积，以及 π 的近似值。

超大数：
挑战你的想象

在数学和科学领域，超大数可是常客，但它们往往没有专属称谓。美国数学家创造出"古戈尔"（googol）这个词，用来区分超大数和无穷大。

虽然数学家不常给超大数取名，但在书写时却自有一套技巧。他们借助阶乘和幂，只需寥寥几个符号便可写出超大数。这一点可十分重要，因为超大数往往非常长，写起来费时费力，如果它足够大，可能要耗尽一个人一生时间来书写，甚至可能大到整个宇宙都装不下呢！

明星数字古戈尔

"古戈尔"这个名字的背后还有个小故事。美国数学家爱德华·卡斯纳研究出 10 000 000 000 000 000 000 000 000 000 000 000 000 000 000 000 000 000 000 000 000 000 000 000 000 000 000 000 （10^{100}）这个数字，但在取名时却没了头绪。他 9 岁的小侄子随口提议叫"古戈尔"（googol），没想到爱德华很喜欢这个名字，就这样，古戈尔这个超级大数诞生了。虽然古戈尔是一次数学突破，但其实它的用途不多。也许，你觉得古戈尔还不够大，那再来看看古戈尔的升级版"古戈尔普勒克斯"（googolplex）吧。

和古戈尔一样，古戈尔普勒克斯与我们的日常生活相隔甚远，所以用途很少。这个数字表述为 10^{googol}，可千万别想着把这个数字写出来，因为宇宙中的原子总数都没有这么多！虽然古戈尔普勒克斯已经大到难以形容了，但在无穷大面前，古戈尔普勒克斯还是只能甘拜下风。

阶乘

24=4! 注意，这里的感叹号可不是表达强烈的感情。它的意思是"阶乘"，一个数学术语。一个正整数的阶乘是所有小于及等于该数的正整数的积，例如：$4! = 4 \times 3 \times 2 \times 1 = 24$。

阶乘可是计算排列和组合的好帮手，若用阶乘，哪怕是只用一些非常小的数字（比如一副扑克牌中的数字），也会很快通过阶乘的计算方式变得非常大。

积幂成塔

对于超大数，要学会善用幂的运算，积幂成塔。

幂的运算又称"指数运算"，包括底数和指数。底数是进行运算的基本数，指数是底数相乘的次数，指数写成上标，位于底数的右上方。例如，$10^{10} = 10\ 000\ 000\ 000$。$10^{10^{10}}$ 表示 1 后面有一百亿个 0。照这样写，10^{googol} 可以写成 $10^{10^{100}}$。幂数不断堆积，就如同搭建起一座幂的运算宝塔。

注意，计算时要从上往下哟。

别用津巴布韦元支付：一万亿也买不
到一杯饮料！

试一试

跟爸爸妈妈要零花钱的时候，不
妨试试这个方法。让他们在棋盘的第一
个格子上放一个硬币，第二个格子放两
个，第三个格子放四个，以此类推，直
到放满棋盘最后一个格子。结果一定会
让他们大吃一惊！

古代的天文数字

一篇古印度文献记载了计算 10
的幂值的方式，从 10^1 一直到 10^{421}
（即 1 后面跟 421 个零）。古希腊人使
用的最大数为万，当阿基米德预估
填充宇宙的沙粒数量时，他把万个
万（也就是亿）乘以万个万，并以此
方式运算，最后估算得到沙粒数量为
10^{63}（即 1 后面跟 63 个零）。阿基米
德的这个算法潜力无限，还可以处理
更大的数哟！

再大的口袋也装
不下吧！

指数

按上面要零花钱的方法，最后你能拿到多少钱呢？祝贺
你！到第 27 格，你就是百万富翁，到最后一格，你就是超级大
富豪啦（你的爸爸妈妈可能还要反过来向你借钱呢）！这就是
一个典型的指数运算的例子，通过增加指数 n，也就是说让底
数自己相乘 n 次，可迅速扩大数字。例如，$10^2=10 \times 10=100$，
$2^5=2 \times 2 \times 2 \times 2 \times 2=32$，一百万是 10^6，十亿是 10^9，一万亿
是 10^{12}。

我们体内有超过 10^{13} 个细胞，超级计算机每秒可以运算
10^{16} 次。

说不尽，道不尽，是无穷

无穷大不是一个寻常数字，也不是一个地点，它在数轴永无止尽的最末端，但比你能想到的任何数都要遥远。要计算它，普通的运算方式可派不上用场啦。

或许，无穷大（∞）最通俗的解释就是"没有限制"。世界上没有最大的自然数，要是你认为自己找到了，很好，可给它再加上1呢？

古希腊爱利亚的芝诺是第一个用数学方式讨论无穷大的人。他使用悖论作为阐述工具，悖论就是没有逻辑意义的陈述。下面，就让我们一起看看著名的"阿喀琉斯"悖论。一场别开生面的跑步比赛拉开帷幕，参赛一方是阿喀琉斯。他是古希腊神话中的英雄，是善跑的神，而他的对手则是以慢闻名的乌龟。

假设阿喀琉斯的速度是乌龟的2倍，阿喀琉斯为避免胜之不武，允许乌龟先行出发，但由于两方的速度实在悬殊，所以毫无疑问，阿喀琉斯会是赢家。

但是等等，先别着急。芝诺从数学角度给出了截然相反的答案：阿喀琉斯永远追不上乌龟……

当然现实情况不是这样，芝诺的奥秘是他偷偷限定了时间，把时间限定在阿喀琉斯还没追上乌龟的这一段距离……

1

1/2

1/4

芝诺悖论

在竞赛中，追者首先必须到达被追者的出发点，乌龟在前面跑，阿喀琉斯在后面追，当阿喀琉斯追到乌龟的起点时，乌龟已经又向前爬了，于是，一个新的起点产生了，阿喀琉斯必须继续追……就这样，乌龟会制造出无穷个起点。不管他们之间的距离有多小，只要乌龟不停地奋力向前爬，阿喀琉斯就永远也追不上乌龟！

∞

试一试

希尔伯特旅店能做到"来客不拒"，你明白其中的奥秘吗？

希尔伯特旅店

在大卫·希尔伯特的想象中，他的旅店有无穷多个房间，编号从1，2，3，依此类推，每个房间住一位客人。假设旅店已客满，此时一位新住客来到前台，他还能顺利入住吗？

"来客不拒"的旅店是这样做的：每位住客搬到下一个房间，把1号房空出来，也就是1号房住客搬到2号房，2号房住客搬到3号房，依此类推。由于房间的数量没有限制，每位住客仍然有地方住，而1号房则空出来给新客使用！

我希望房间里能看到……

客满，但还有房间呢

希尔伯特旅店

疯狂的康托尔

在德国数学家格奥尔格·康托尔（1845—1918）眼里，世界上存在着无穷多的无穷。

尽管有些数学家对这一想法嗤之以鼻，认为他一定是疯了，但还是有人，比如大卫·希尔伯特，赞同他，认为他的想法永远改变了数学。

康托尔提出，可以用（无穷多个）自然数来计算无穷集合，这些集合大小相同，被称为"可数无穷"或"阿列夫零"。

然后他证明出我们不能数出所有的实数，即使是0到1之间的实数也是不可数的。

他给这个更大的、不可数无穷取名为"阿列夫一"，在此基础上，一连串更大的无穷集合纷纷涌现，"阿列夫二""阿列夫三"等，难怪人们认为他很疯狂。

无穷的规模

康托尔指出，许多可数无穷集合大小相同，因此，有多少个自然数就有多少个偶数自然数、奇数自然数、斐波那契数、质数或100的倍数。这是不是听起来很离奇呢？

康托尔指出，所有可数无穷集合大小一样。

质数

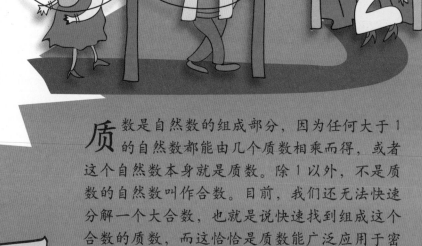

质数（又称素数）是除了1以外那些只能被1和自身整除的自然数。它们可是自然数里的至尊会员。质数奇特无比，能构成许多有趣的谜题，因此吸引了无数数学家。

试一试
欧拉质数公式 $n^2 + n + 41$

这个公式被称为"质数制造机"！根据这个公式，只要是从1开始的自然数，把这个数的平方加上数字本身，再加上41，就能得到一个质数。

例如，假设n为1，则公式表述成 $1^2+1+41=43$，43是质数；再假设n为2，公式表述成 $2^2+2+41=47$，47也是质数。

算一算，看看你能用这个公式得出多少个质数？

质数是自然数的组成部分，因为任何大于1的自然数都能由几个质数相乘而得，或者这个自然数本身就是质数。除1以外，不是质数的自然数叫作合数。目前，我们还无法快速分解一个大合数，也就是说快速找到组成这个合数的质数，而这恰恰是质数能广泛应用于密码的关键。比如，在传递信息时，你可以用一个数位较多的合数来加密信息。别人如果想要破译，必须先分解这个合数，这个难度非常大，即使能破译，也得花费很长时间。

假如你发明了快速分解大合数的方法，嘘，可千万别声张！在线通信（包括银行间）设定的密码之所以安全有效，就是因为还没有哪个"邪恶的天才"能找到分解200位数的快速算法（当然，我没说你是那个邪恶的天才）。

你们不在名单上……

嗯？是因为鞋子没穿对吗？

神奇的埃氏筛法

古希腊昔兰尼的埃拉托色尼（约前276—约前195）发明了一种算法，可以从列表里筛除合数，留下质数。列表适用于 2 及以后的自然数，我们要做的就是删除数字的倍数，就从每个数字的平方开始。例如，对于数字 2，我们要删除数字 4，6，8……对于数字 3，我们要删除 9，12，15……由于表格只列到 100，而数字 11 的平方大于 100，所以我们算到数字 10 就可以暂停啦。那些没被筛出去的数字（没涂色的数字）就是 100 以内的所有质数！

看一看，彩色线条和圆点有什么关系？

你能找到多大的质数？

获取质数是计算机的工作，有时需要多台计算机共同完成。在计算机问世之前，已知最大的质数有 39 位。而到 2018 年，已知最大质数为 $2^{82\,589\,933}-1$，共有 24 862 048 位！不过，探索不会止步于此。2000 多年前，希腊数学家欧几里得证明过，我们总能找到一个更大的质数。他的思路是这样的：假设有一个最大的质数，我们称它为 P，那么把所有质数列出来就是 2，3，5……一直到 P。把所有数字相乘再加 1，就能得到一个新数字，我们称它为 N。

如果 N 是质数，那我们就找到了一个比 P 大的质数。但假设 N 是合数，合数即在大于 1 的整数中除了能被 1 和本身整除外，还能被其他数（0 除外）整除的数，和质数相对。根据这一点，我们知道 N 能被 1 到 N 之间的某个质数整除。但这个质数不会出现在 2，3，5……P 之间，因为 N 是由质数 2，3，5……P 相乘加 1 得到，因此反过来 N 除以这些数字时，总会得到余数 1，有余数就说明我们的假设不成立，N 是质数，所以，我们还是找到了一个比 P 大的质数。不管 P 有多大，这个论证总是有效！

纸又用完了！

金玉其 "质"

- 最小的质数是 2，它很特别，因为它是质数中唯一的偶数！那最大的质数是？
- 有无数对孪生质数（相差 2 的质数对，如 41 和 43）。
- 对于任何一个大于 2 的自然数，总能在该数字和其两倍数之间，找到质数。例如，3 和 6 之间，可以找到质数 5。
- 合数有可能扎堆出现。例如，114 到 126 之间，连续 13 个数都是合数。

会变魔术的 模数

世界上要是没有那么多的数字会怎样？是不是数学也就不会像今天这般令人头疼了？想象一下，难缠的无理数和分数消失了，剩数都变得"小巧可爱"，而不是"庞然大物"（比方说都小于 23。可你知道为什么是 23 这个数字吗？那就继续看下去吧）。这听起来不见了可笑，非之常何尚上吗？

模算术就是循环计数，通俗点儿讲，就好比读时钟上的数字，从 1 到 12，再回到 1 重新开始（如果时钟从 0 开始，那数学会更简单，从时钟的 0 走到 23，又回到 0 重新开始）。

循环计数究竟怎么实现的？来，假设现在一个 24 小时时钟显示 21：00，那 8 小时后是几点？算算看，答案是 5：00 吗？你是如何计算的呢？是不是把 21 加上 8，得到 29，然后 29 除以 24，得到商为 1，余数 5？但如果用等式 21+8=5 来表示，是不是看起来很奇怪？

瑞士数学家伦纳德·欧拉在 18 世纪提出循环计数，人们形象地称之为"时钟计算器"，因为每当计数到某一特定数字（模数）时，计数就回到原点重新开始。

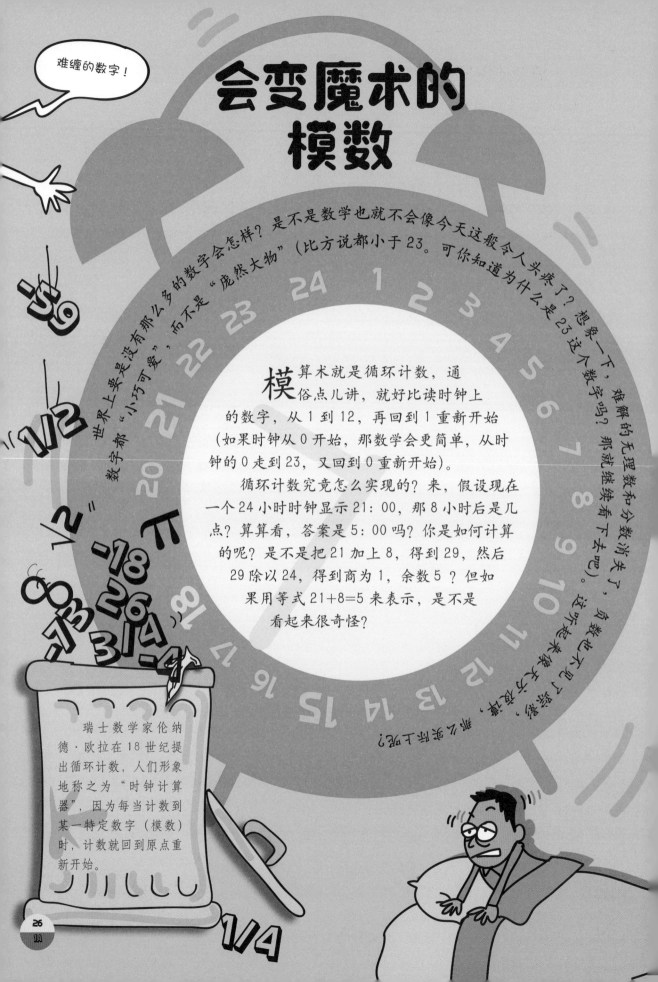

哇，可以整除！

试一试
快如闪电

看一个数字是否能被2，5或10整除很容易，但看它能否被3，9或11整除似乎就困难多了。这就到模算术大显身手的时候了。看能否被3整除：一位数的话一目了然，多位数也很简单，只需要把每个数字相加，只有数字之和能被3整除时，这个数字才能被3整除；9呢？你也可以沿用上述方法，只有数字之和是9的倍数，数字才能被9整除；那11的情况呢？从右往左，各个数字先减后加，如果结果符合$0 \equiv 11(\bmod\ 11)$，也就是说，结果除以11，余数为0，那么数字就能被11整除。举个例子，数字1089，按照我们说的方法运算：$9-8+0-1=0$，0符合$0 \equiv 11(\bmod\ 11)$，所以1089可以被11整除。我们把这种运算方法称为"奇偶位差法"。

同余

数学家用同余符号"$\equiv$"来进行循环计数。"$21+8 \equiv 5(\bmod\ 24)$"这个式子的意思是，在模数为24的循环里，21+8就等于5，算算看，是不是$(21+8) \div 24$和$5 \div 24$的余数都为5呢？这样就说明21+8和5在模数为24的运算里有同一个余数。试一试，把等式左边加减24的倍数，你还能找到哪些余数为5的数字？−19和53都可以哟。所以，如果模数为24，你可以用5来代替像−19，29，53这些符合条件的数字。

卡尔・弗里德里希・高斯

卡尔・弗里德里希・高斯(1777—1855)提出模数运算的时候，年仅19岁。这还不算什么，当老师让他求从1到100的数字之和时，他在几秒钟内就想出了把数字加成50对的方法（1+100，2+99，…）。但这位"数学王子"不善言辞，所以他的很多研究发现都成了别人的功劳。

快把模运算用起来

在模算术的世界里，因为你只需要处理余数，所以相比常规的数学问题，数字更小，计算也更为简单。当模数为7时，去除连续的整数被除数，余数会是0，1，2，3，4，5，6，0，1，2……不断循环。

这有什么用呢？

模运算用途广泛，其中一个就是可以用来校验条形码和MP3音乐文件之类的数字化数据。条形码里的单个数字并不包含物品信息，只有所有数字通过模运算加在一起才能得到最终的数字，获取信息。如果扫描仪没扫到全部数字，那自然无法获取信息啦。

集合与逻辑

集合和逻辑是数学大厦的两大基石。集合是由一个或多个元素构成的整体，元素包罗万象，可以是一个数字、一种颜色甚至是另一个集合，而逻辑则指的是思维的规律和规则。

在集合里，元素的排列顺序并不影响其整体，因此，集合S={隐形，粉色，独角兽}和集合T={粉色，隐形，独角兽}完全一样。集合U={隐形，粉色}的所有元素都在S中，所以U"包含在S中"，是S的子集。假设集合V={隐形，紫色}，判断一下，V是不是S的子集呢？

当乔治·布尔研究"和""或""如果""那么"这些词语以及包含这些词语的语句时，现代逻辑学开始初具雏形。布尔的逻辑学应用于数

> 我们喜欢斑马。

帽子戏法

下面让我们欣赏一场精彩的"帽子戏法"：化名A，B，C的三个人坐成一列。C可以看到前面的B和A；B只能看到A；A在最前面，看不到B和C。现在袋子里装着5顶帽子——3顶绿色的，2顶橙色的。好，接下来三个人闭上眼睛，依次抽一顶帽子戴在头上，全部抽完后，才能睁开眼睛。然后，从后往前依次询问三人是否知道自己帽子的颜色。C说："不知道。"B说："不知道。"A说："知道了！是……"这里先卖个关子，你能想到A的帽子是什么颜色吗？

快来加入我们！

我可不这么想……

字计算机领域：计算机处理器中，"与门"（AND gate）和"非门"（NOT gate）叠加构成了基本逻辑电路"与非门"（NADA gate），几百万个"与非门"构成了……一台计算机。数学家喜欢用符号写逻辑，这样效率更高。

文氏图

你知道吗？画文氏图有时可以快速解决难题。假设 21 人中，13 人喜欢斑马，7 人喜欢犀牛，5 人两种动物都喜欢，那有多少人两种动物都不喜欢呢？动手画图，试一试吧！

我思故我在

古时候，许多文化都曾研究过思维、逻辑，其中，当属古希腊思想家亚里士多德提出的逻辑体系应用最为广泛。亚里士多德逻辑体系的三大定律至今仍然适用。

- 同一律。同一个思维过程中，每一思想和其自身是同一的，即 A 就是 A。
- 矛盾律。同一个思维过程中，两个互相矛盾的命题不能同时为真，必有一假，即 A 不能既是 B 又不是 B。
- 排中律。同一个思维过程中，两个相互矛盾的命题不能同时为假，必有一真，即要么 A 要么非 A。

基于上述规律，亚里士多德提出了著名的"三段论"，即从两个正确陈述中推导出第三个陈述。举个例子：

（1）所有独角兽都是粉色的。

（2）有些独角兽是隐形的。

所以，（3）一些粉红色的东西是隐形的。

前两个陈述是否为真并不重要，重要的是逻辑过程完整准确。如果（1）和（2）都是真的，那么（3）一定是真的。

但有些推理无效，比如说：

（1）所有独角兽都是粉色的。

（2）一些粉红色的东西是犀牛。

所以，（3）有些独角兽是犀牛。

我说了，你不是独角兽。

让证据说话 ✓

要证明一个数学陈述为真，你必须从陈述的基石——"公理"入手，展开论证。有些论证只要简单的图表就能做到，有些则需要几代数学家的努力。

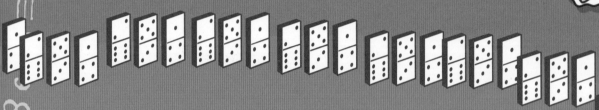

要 证明一个陈述为真，有时，可以"反其道而行"，先假设陈述为假，通过推演，论证这个假陈述为假，这时根据排中律，原陈述就一定为真。你可以用这种"反证法"论证"不存在最小的正数"这个陈述吗？快试一试吧。

多米诺效应

你听说过多米诺骨牌效应吗？骨牌依次排列，一块倒下砸倒下一块，以此类推，最后所有骨牌都会倒下。归纳论证的过程就像多米诺骨牌，一环接着一环。要想证明一个公式适用于所有自然数，你首先要证明公式适用于某个数字 X，然后再证明公式对 X 后一位数字也适用。最后，再看看对于数字 1，公式是否也同样成立，如果答案是肯定的，那么恭喜你，你已经成功搭建起"多米诺骨牌"啦。

最小的正数是多少？

好，对半除一下。

我知道了！我知道了！

真见鬼！

试一试
反例

你不能只靠举例子论证一个命题，因为例子具有偶然性，而你需要证明这个命题对所有情况都是正确的。不过，你可以通过举反例来推翻一个命题。来，试试看，你能反驳"所有质数都是奇数"这个命题吗？

你在这儿。

试一试
四色定理

　　四色定理是指，可以只用四种颜色给所有的平面地图涂色，且彼此相邻的区域颜色不同（当然，如果只在一个角或一个点上相邻，那么相邻区域的颜色可能相同）。试一试，找一张空白地图，看看你能不能只用四种颜色给地图上色。

库尔特·哥德尔

　　1931 年，奥地利数理逻辑学家库尔特·哥德尔（1906—1978）提出，世界上有些定理为真，却无法证明。这倒不是因为论证过程困难，而是根本就无法论证。他还指出，我们也无法证明公理不会相互矛盾。好在数学家不必每天思考这些问题，否则可真是要"愁眉不展"了。

计算机也可以论证吗？

　　一个看似为真但尚未得到证明的陈述，就是猜想，得到论证后，便可进阶为定理。上述的四色定理在一开始也只是猜想，数学家投入大量时间和精力，也未曾找到证明方法。直到 1976 年，在计算机的帮助下，两位数学家成功证明了四色定理。科技飞速发展，计算机更新迭代，四色定理一次又一次得到证实。如果仅靠人类验证，那真是要等到猴年马月了。

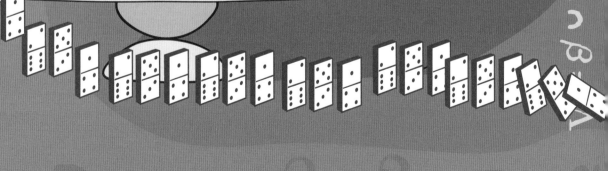

奇怪的图形，奇妙的空间

从古希腊开始，研究图形成为数学的一个重要内容。几何学应运而生，系统探究图形和空间问题。在伊斯兰文化里，艺术家多绘制抽象图形，所以重复出现的图案尤其引人注意。西班牙格拉纳达有一座阿尔汗布拉宫，宫殿在中世纪建成，是图形之美的集大成者。宫殿一共使用了 17 种基础几何瓷砖图案。后来，数学家创造了一个又一个奇特的图形，比如"分形"。今天，借助计算机，我们可以欣赏到这些图形的奇特之美。

17 世纪，笛卡尔将图形研究推向一个新高度。他创造性地把代数与几何结合起来，还发明了坐标系。坐标系的出现为维度研究奠定了基础，指明了方向。你玩过四维的"井字棋"吗？

图形充满魔力，令许多人着迷，甚至催生出一个学科——拓扑学。拓扑学研究形状的位置关系，研究图形如何连接在一起，是否有间隙，而不考虑图形的大小和形状。

在地图上，海洋和陆地的界线都清晰可辨，在现实生活中也是一样。但实际上，海岸线是一个十分复杂的图形。

海岸线有多长？

曼德勃罗海岸线

波兰数学家伯努瓦·曼德勃罗被誉为"分形之父"，分形的英文单词FRACTAL来自拉丁语-"FRACTUS"，意思是破碎、不规则。20世纪50年代，曼德勃罗开始深入研究这些奇特的图形，他甚至用图形来预测商品价格的走势。

显然，海岸线必须有固定的长度，就像正方形或圆形有固定的周长一样。就像测量云朵和蕨类植物，测量海岸线必须"不走寻常路"。用绳子测量是个好办法，但若是绳子太粗，很多角落不可避免会被忽略，测量不够精确，若是要用细绳，你可要准备好足够长的绳子才行。

门格海绵

门格海绵是一个测度为零，表面积无穷大的"实体"分形。怎样才能制作一个这样的神奇海绵呢？首先，把正方体的每个面分成9个正方形，也就是说，像魔方一样，把正方体分成27个小正方体。接着去掉每一面中间的正方体和最中心的正方体，剩下20个正方体。对剩下的正方体重复上面两个步骤，重复无穷多次以后，得到的图形就是门格海绵。

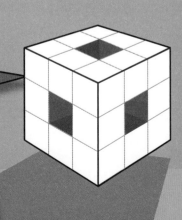

西班牙 VS 葡萄牙

20 世纪初，英国科学家路易斯·弗莱·理查德森研究了国家边界问题。他认为，两国边界越长，发生战争的可能性就越大。但研究西班牙和葡萄牙两国边界时，他惊奇地发现，葡萄牙国土面积较小，所以其地图包含更多细节；在葡萄牙的地图上，两国的边界线比在西班牙地图上的长多了。

分形

七扭八拐的海岸线和数学上的"分形"有异曲同工之妙。分形复杂精致，无论放大多少倍，看起来都十分类似。比如，"科赫雪花曲线"，放大前后看起来一模一样。再比如，"曼德勃罗集合"，放大前后虽然并不完全相同，但十分类似。数学家在 19 世纪开始构思分形，但直到 20 世纪 70 年代末，随着计算机开始普及，高分辨率图形成为现实，人们才得以揭开分形的神秘面纱。

试一试

科赫雪花形状优美，简单易画，让我们一起动手画一画吧！先画一个等边三角形，把每条边分成三段，以中间的一段为底边，再画一个小等边三角形，三条边都画好后，将小等边三角形的底边擦掉，你能得到一个六芒星！多重复几次这个步骤，你就能得到科赫雪花啦。你注意到了吗？在这个过程中，雪花的面积是有限的，而周长却可以无限延长，这是不是很神奇呢？

哦哟！

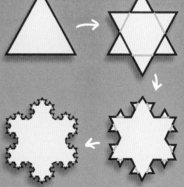

欢迎来到虚数世界

航空设计中也会用到虚数哟。

古希腊数学家曾笃定所有数字都是有理数，直到希帕索斯发现了无理数，颠覆了他们的认知。据说，希帕索斯因挑战权威而遭到惩罚，但这改变不了他才是手握真理的那个人。

后来，一种新数字诞生，数学家们再次大受震撼。

几乎和所有新事物一样，新数字在问世之初也坐了"冷板凳"。没有人知道该如何看待它。所以在16世纪，意大利数学家研究$\sqrt{-1}$时，只说它是个虚构数字。后来，法国数学家勒内·笛卡尔将其取名为"虚数"。18世纪时，瑞士人伦纳德·欧拉用字母"i"指代它。

啊……真是个美丽的地方！

神奇的平方根

那么问题来了，$\sqrt{-1}$或i到底是什么？这个数字可真是神通广大，它拓展了研究数字的新视角，带领数学家进入一个奇特的世界。关于i，人们的关注点在于它是否真的存在。我们知道，两个负

明星数字——虚数i

可别小瞧虚数i，只有靠它我们才能打破实数的桎梏，见证一个又一个"不可能"。实数里，负数没有平方根，所以$x^2 = -1$简直是无稽之谈！但要是有了i，上述等式就可以成立，你就能解决类似的难题了。

我说了，这是成立的！

无理数的发现让毕达哥拉斯派学者大吃一惊，后者笃信数字都是有理的。

朱利亚集合

在朱利亚集合中，你可以尽情放大图案，放大前后的图形一模一样。

数相乘，只能得到正数，那 -1 这个负数怎么会有一个平方根呢？

答案既肯定又否定。在实数层面上，-1 的确没有平方根，但在虚数层面上，$\sqrt{-1}$ 又可以成立。

美丽的复平面

把虚数、实数各自排列成数轴，水平的实轴与垂直的虚轴构成一个二维空间，也称"复平面"。复平面上的点对应着一个"复数"，它的坐标由虚数、实数共同组成。

复平面是一个宝库，在这里，你可以找到各种各样的图形，其中就有著名的分形"朱利亚集合"。

比实数更实用

尽管复数有"虚"的部分，但它的作用却很实在。比如，建立研究宇宙的数学模型，用模型解释空气流动、电流传输等过程，这些都要归功于复数。

致命数字

通缉令！
头号公敌

负数、无理数、虚数为在逃罪犯，三者持有武器，极其危险，切勿靠近！

据说，希帕索斯为捍卫无理数，毅然决然挑战权威，甚至因此献出宝贵生命。人们往往对新想法抱有敌意，认为它挑战了常规和权威，无比危险。这也就是为什么负数在中国和印度盛行几百年之后，欧洲数学家仍然认为它很疯狂。因此，虚数出现时，支持它的人都十分谨慎，不敢太招摇。

奇形异状

你能想象这样一个星球吗？在那里，车轮方方正正，肥皂泡呈立方体；道路颠簸不平，汽车却如在坦途上行进；道路平坦宽阔，行驶的车轮却是勒洛三角形、勒洛五边形。

你有没有想过，这个星球可能近在眼前，就在脚下呢？没错，我指的就是地球。在地球上，只要建造一条特殊的道路，方正的车轮也可以平稳行进。路与车轮的接触面应当为曲线，这类曲线比较特殊，指的是一条两端固定的、均匀又柔软的链条，在重力的作用下所具有的曲线形状，因此也叫"悬链线"。理论上，只要有匹配的路面，无论什么形状的车轮都能平稳行进。但三角形车轮是个特例，因为一般的三角形尖角锐利，极易损伤路面，再加上三角形中心的运动轨迹不是一条直线，所以道路必须主动配合车轮做曲线运动才能让车顺利前进。哎，这个想法就不太实际了！

真想买张票去看看这种奇观！

试一试

画个勒洛三角形

画一个等边三角形，将圆规放在其中一个角上，以角的顶点为圆心，以边长为半径画弧，使圆弧与另外两个角的顶点相交，重复这个步骤，最后，将三段圆弧连起来，你就能得到一个勒洛三角形。

勒洛多边形

勒洛多边形是由半径恒定的圆弧组成的恒定宽度的曲线，可以在平面上平稳滚动。在机械加工上，把钻头的横截面做成勒洛三角形，就能在零件上钻出正方形的孔。而如果你住在英国，就会经常与勒洛七边形打交道，因为英国的20便士、50便士都是这个形状。

你见过勒洛三角形的井盖吗？

肥皂泡

一个普通肥皂泡是球体，而若是在圆铁丝网里，肥皂泡就变成了扁平的肥皂膜。科学家将这种面积极小的肥皂膜称作"极小曲面"。在体积相等的情况下，球体是表面积最小、最省空间、表面能量最少，且最稳定的结构。

试一试

做一个立方体的肥皂泡

把铁丝瓣弯，做一个带手柄的立方体框架，将它浸入稀释过的洗衣液中。你能在框架的中心看到一个立方体的肥皂泡吗？肥皂膜在框架中可以形成不同的形状，所以如果你多重复几次这个动作，你应该可以得到更多的形状。

密铺

你见过多少种壁纸花纹？你可以用多少种方法铺地板砖？这两个问题之间有什么联系呢？我们不妨先回到 14 世纪，看看当时的宫殿是如何装饰的吧。

周期性密铺

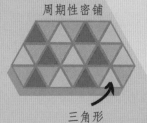

三角形

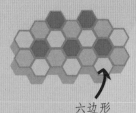

六边形

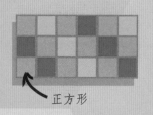

正方形

阿尔汗布拉宫的瓷砖

密铺，就是用重复的形状填充平面，相互之间不重叠也不留一丝空隙。地板砖和墙纸实际上都是采用密铺方式粘贴的。在伊斯兰文化中，宗教禁止艺术家用人物形象做装饰，因此密铺成为装饰的主流。瓷砖本身有许多不同形状，而且瓷砖上还可以有绘画设计，所以密铺能构成许多繁复美丽的图案。

那么，填充一个平面可以用多少种不同的模式呢？这个问题的关键在于平面的对称性。一般来说，平面有多少对称可能，填充图案就有多少种。根据研究，现在有 17 种基础图案。14 世纪时，伊斯兰建筑家在建造西班牙阿尔汗布拉宫时就使用了 17 种基础图案。

可别再来了……

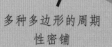

多种多边形的周期性密铺

周期和非周期密铺

大多数密铺是周期性的，也就是说图案有平移对称性，平移一个图形单元，可以找到与之完全重合的部分。如果只用一种正多边形填充平面，只有三种图案可以做到：等边三角形、正方形和六边形。如果将多种正多边形结合起来，还可以再多八种图案。使用非规则多边形，可能性就更多了：任何三角形或四边形都可以铺设一个平面。

非周期性密铺并不意味着无序填充，而是说图案没有平移对称性。实际上非周期密铺看起来也是重复的。例如，呈放射状的瓷砖从中心向四周放射，有多条穿过中心的对称轴，就是典型的非周期性密铺。非周期性密铺是罗杰·彭罗斯在1973年发现的，因此也称"彭罗斯密铺"。

有些图形可以称作"重复瓦片"，几个重复瓦片叠加可以得到一个放大版的"重复瓦片"。如图所示，四个形似"狮身人面像"的重复瓦片组成了一个更大的狮身人面。

试一试

如下图所示，两个"菱形"可以用于非周期性密铺。动手试一试，你能通过排列，让蓝色、红色圆弧形成连续曲线吗？再尝试一下，你能否用菱形做周期性密铺呢？放宽视野，看看有没有上面提到的类似狮身人面的"重复瓦片"？

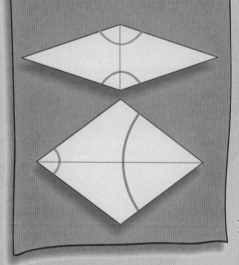

还有这样的狮身人面像？

重复瓦片

看不懂了吧？这是现代抽象艺术……

进入四维空间

你一定听说过四维（4D）空间吧？但它在哪里呢？现实世界四通八达，向上向下、向左向右、向前向后，你能去到任何想去的地方。那么，怎么还会有用于往其他方向运动的空间呢？

我们生活的宇宙是三维（3D）的，需要3个坐标值，才能确定一个点的空间位置；平面是二维（2D）的，只要2个值，如经纬度，就能表示出地球表面上任何一个位置；而线是一维（1D）的，一个数字值就能说明一个点。所以说，如果维度指确定位置的数目，那么在4D空间里，你需要4个值。

为什么是4呢？其实对于数学家来说，维度可以无限多，并且维度越多，其用途就越广。比如，将球体置入24D空间的研究，就为写代码、修改数据错误提供了思路。

但当你开始想象4D空间时，你会发现大脑一片空白！实际上，我们的大脑很难看到第四个维度，不过我有个好方法能助你一臂之力：由于三维物体在平面的投影是二维的，四维物体在平面的投

试试这样叠！

哇！

勒内 · 笛卡尔

勒内·笛卡尔（1596—1605），法国哲学家、数学家。他那句"我思故我在"，可谓传世箴言。他热爱思考，在数学方面有诸多成就。据说，有一次他躺在床上，看见一只苍蝇在天花板上飞，看着看着，他意识到，只用两个数字就能确定苍蝇的位置，由此他发明了坐标系。后来，他运用数字和方程描述苍蝇的飞行路径，在几何和代数之间搭建起桥梁，创立了解析几何学。

影是三维的，所以想要看到四维物体，不妨从投影入手。除此之外，还可以采用"拆分法"，一个 3D 立方体的展开图是由 6 个正方形组成的二维平面，而一个 4D 立方体（超立方体）的展开结构则是由 8 个立方体组成的三维图形。

《平面国》

让我们暂时把四维空间放在一边，把目光转向二维空间。你能想象 2D 世界是什么样子的吗？1884 年，英国教师埃德温·A·艾勃特在《平面国》一书中描绘了二维空间的人类生活：一天，一个球体来到平面国，但在平面国人眼里，那不过是一个点，它可变大成为一个圆，然后又缩小为一个点，最终消失。也许，生活在三维世界的我们，对四维世界的认识或许也是如此，不过是管中窥豹罢了。

奇妙的物体

一个分不出内外的瓶子？单面环？大小可变的实心球？这些物体听起来可太神奇了！想亲手创造出这些奇妙的物体，你只需要纸、胶水和一点点数学知识哟！

莫比乌斯环

莫比乌斯环是一个二维图形，和普通环形物不一样，它只有一个面，即单侧曲面。如果你是环上的居民，这样的单侧曲面会让你分不清自己究竟是左撇子还是右撇子……就算你是左撇子，绕着走一圈之后也会变成右撇子……把两个莫比乌斯环接起来，你能得到一个分不出内外的瓶子。莫比乌斯环是一个数学表面，理论上没有任何厚度，但实际模型达不到这种理想状态。

试一试
做一个莫比乌斯环

工具：几张约 30 厘米 ×3 厘米的透明醋酸塑胶片或描图纸，胶带或胶水，一把剪刀。

1. 把纸条一端旋转 180 度，再将两端相连。
2. 将做好的莫比乌斯环沿中线剪开，看看发生了什么？数数有多少个面？再沿中线剪开，现在是什么情况？

现在，重复第一个步骤，再做一个莫比乌斯环，这次沿三等分线剪开，看看发生了什么？

循环再生标志

1970 年，加里·安德森在莫比乌斯环的基础上设计了一个符号，这就是全世界通用的循环再生标志。如左图所示，三个互相承接的箭头组成了一个莫比乌斯环。你在生活中有没有注意到这个标志呢？

"克莱因瓶"，就是分不出内外的瓶子。之前我们提到，只要把两个莫比乌斯环接起来，就能得到这样的瓶子。但是，我们必须在 4D 空间进行黏合，才能保证其完整性，否则就要把原来的环撕开。同样，如果把一个克莱因瓶适当剪开，就能得到两个莫比乌斯环。

克莱因瓶的内，就是外。

那我究竟该怎么进去？

太阳般大小的豌豆

图中的实心球大概豌豆一般大小，看起来平平无奇。但据说，把它切成大小不一的五块，在不拉伸的情况下重新组装，实心球可以瞬间变大，变成太阳般大小！这似乎是无稽之谈，但在数学上，这样的球真的存在！这个球堪称完美，它由无穷多个点组成。当然了，必须有一把完美的小刀来配合它。1924 年，"巴拿赫·塔尔斯基悖论"被提出，它表明这一操作是可以实现的，并准确解释了如何才能做到。

图论

18世纪初，在普鲁士古城哥尼斯堡有这样一条河：河中间有两个小岛，有七座桥将小岛和河两岸连接起来。有个人提出一个问题：一个步行者是否能不重复、不遗漏地一次走完七座桥，最后回到出发点？

1736年，年仅29岁的瑞士数学家伦纳德·欧拉回答了这个问题，他的研究也开拓了数学新领域——图论。

用图形解决

如下图所示，欧拉将七桥问题抽象出来，用点表示每一块陆地，用线表示连接两块陆地的桥，由此得到了抽象几何图形。这样，七桥问题便转化为能否一笔不重复地画完这个几何图形。欧拉提出，只有当图中有0或2个奇顶点时，才有可能一笔完成图形，但这个图上有4个奇顶点。

伦纳德·欧拉

伦纳德·欧拉（1707—1783）是有史以来最伟大的数学家之一，他在50多岁时不幸失明，但并未因此放弃研究。著名的欧拉公式 $v-e+f=2$ 探究了多面体顶点数（v）、面数（f）和边数（e）之间的关系，极大地促进了图论发展。欧拉博闻强识，还可以在大脑中完成大量运算。

哥尼斯堡地图

哥尼斯堡

顶点可以是偶顶点，也可以是奇顶点，这取决于跟这个点所连接的线段数目。

生活中，你也可以借助图形解决实际问题，别忘了要留心顶点的先后顺序和边的长度。例如，通过图论，你可以预估一个推销员拜访众多客户的最佳路线，以及时间和交通成本。有时，图论比计算机效率还高哟。

试一试
公用问题

　　如下图所示，有三座房子，每座房子都要分别与煤气公司、供水公司和电力公司连接。试试看，你能不能在线路不交叉的情况下完成连接？记住，线路不可以穿房而过哟。

　　现在换个环形物试试。
　　首先，准备一个环形物，然后在环形物表面标出三座房子和三家公用事业公司。试一试，是不是容易多了？

六度分隔

　　图论也可以应用于人际关系。研究结果显示，平均来说，你距离一个陌生人只有六"步"之遥，也就是说，最多通过六个人你就能够认识任何一个陌生人。照这样说，你离朋友的朋友只有两"步"之遥，但若是陌生人生活在新几内亚原始森林里，你们之间可能就不止两步之遥了。社交网站喜欢用图表展示用户之间的联系。

生物世界

数学和生物学之间有关系吗？乍一看，好像八竿子打不着。但自古以来，人们就观察到生物具有对称性。到了 19 世纪，数学家基于前人研究，开始用数学模型研究人口增长、植物生长等问题。

然而，直到 20 世纪，数学生物学才一跃成为热门研究领域，探究其原因，主要有以下三点：数学上，混沌理论得以提出；生物学上，DNA 得以发现；计算机功能不断发展强大。混沌理论帮助数学家和生物学家理解一系列动态行为，比如为什么人口规模的变化不可预测；DNA 和基因理论的发现意味着数学的许多方向（比如密码学和纽结理论）可以应用到生物体研究中；强大的计算机提供技术支持，使得创建各种复杂的数学模型成为可能。总而言之，从那时起，数学和生物，交织融合，不可分割。

大还是小，
不如长得巧

为什么猫小巧可爱，而马高大威风？为什么蚂蚁能轻松举起比自身重100倍的物体，而人类连举起与自己一样重的东西都要做一番挣扎？为什么从高处坠落，大象难逃死劫，一只老鼠却得以幸存？

问题的关键在于比例。动物的体积以立方增加（立方律），而其他指标，比如力量，以平方增加（平方律）。

就拿羚羊做例子。羚羊的腿非常细，如果现在我们在每个维度上都增大两倍，那么羚羊的重量以立方增加，也就是变成原来的8倍。但是，羚羊的骨骼厚度（面积）以平方增加，也就是变成原来的4倍。这样一来，同样数量骨头，骨折的风险相应变大了！

比例也是为何蚂蚁负重能力极强，而大型动物负重能力极弱的原因。体重随身高变化以立方增加，而肌肉力量取决于肌肉纤维的厚度（面积），以平方增加。因此，对于较大的生物而言，肌肉力量的增长远远追不上体重的增长。

放我下来！

天上掉下些"蚂蚁和大象"

为何同样是从高处坠落，人和大象要面临悲惨结局，而蚂蚁、老鼠却能幸存呢？物体坠落时，地球的引力使之加速。而坠落速度越快，遇到的空气阻力就越强。最后，空气阻力（相当于推力）与重力（相当于拉力）达到平衡，物体坠落达到最高速度，或终点速度，不再加速。

重力随质量的增加而增加，而质量随动物身高以立方增加。空气阻力随着表面积的增加而增加，也就是以平方增加。这意味着，较大的动物有更高的终点速度，会产生更大更猛的冲击力，所以它们很难幸存下来。哎哟！真疼！

连我也承受不了这一摔！

比例

把正方形的一条边翻倍，面积可不能翻倍哟，而是变成 4（$2^2=4$）倍大。把立方体的一条边翻倍，表面积以平方增加，即变为 4 倍大，体积以立方增加，即变为 8（$2^3=8$）倍大。

边长变 2 倍，面积变 4 倍。

增加一倍就已经够重了！

立方体的边长增加 1 倍，体积和质量增加 8 倍。

一切要从兔子说起……

兔子、菠萝和黄金比例，这三者有什么共同点吗？嗯，别急着回答，不如我们先来了解一下著名的斐波那契数列吧！

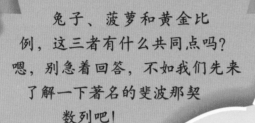

斐波那契数列

斐波那契数列得名于意大利数学家斐波那契。在他的著作《计算之书》中，斐波纳契提出了一个关于兔子繁殖的问题。

兔子问题

假设小兔子需要一个月才能长大，长大后它们每个月交配一次，一个月后可以产下一对小兔子（一公一母）。这里我们假设每对小兔子长大后都会繁殖，并且兔子不会死亡。那么问题来了，如果一月份只有一雌一雄两只小兔子，那么到年底一共会有多少对兔子？根据斐波那契的计算，在前两个月结束时，兔子还是只有一对，但在随后的几个月里，数量会不断增加：2，3，5，8，13，21，34……到第12个月会增加到144对。看一看，你能找到数字间的规律吗？

其实，斐波那契数列的规律很简单。

…21, 34, 55, 89…

斐波那契

莱昂纳多·斐波那契（约1170—约1250）曾在北非学习数学，他从当地的阿拉伯数学家那里了解到印度的十进制记数法，并写进他的《计算之书》，将其传播到欧洲。斐波那契极力赞扬十进制，称其比罗马数字更适合算术。他在几何和代数方面也颇有建树，著有好几本相关书籍。

成对的兔子

还记得吗？斐波那契在计算兔子数量的时候，得到了一个数字序列：2，3，5，8，13，21，34……这个序列可以向右无限延伸。实际上，这种序列在自然界也很常见：树的树枝数、花椰菜的花朵数、雏菊的花瓣数、菠萝的凸起……这不禁让人感叹大自然的鬼斧神工！

1

1

2

3

5

8

如果我们假设第一个数字为 F_1，第二个为 F_2，第三个为 F_3，以此类推，那么从 F_3 开始，每个斐波那契数字都是前两个数字的和。公式如下：

$F_3 = F_2 + F_1 \ (2 = 1 + 1)$

$F_4 = F_3 + F_2 \ (3 = 2 + 1)$

$F_5 = F_4 + F_3 \ (5 = 3 + 2)$

不过现实中，兔子不会像这样繁殖，否则整个宇宙早就是兔子的天下了！但是斐波那契数的确在自然界中随处可见，几个世纪以来牵动着数学家的心。最有趣的是，斐波那契数还与黄金比例有关。随着数列中数字不断变大，连续数字之间的比率，即大数除以小数的结果，越来越接近黄金比例 φ (phi)。

花椰菜的螺旋状小花也有这个序列，可以观察一下哟。

明星数字

欧几里得曾在《几何原本》中提出黄金比例 φ(phi)，这是最早的有关黄金分割的论著。

$\varphi = \dfrac{\sqrt{5}-1}{2} \approx 0.618$。黄金分割指的是，把线段分割成两部分，较大部分（$AC$）与整个线段（$AB$）之间的比值，与较小部分（$CB$）与较大部分（$AC$）的比值相同。这个比值约为 0.618，称为黄金比例。黄金比例给人以协调的美感，自古以来，便被广泛运用在绘画和建筑中。

$AC/AB = CB/AC \approx 0.618$

A   C   B

动物种群

为什么有些物种能繁衍千年，有些却如昙花一现？要解答这个问题，我们还是得借助数学。数学可以帮助生物学家建立模型，模拟生态系统中的种群变化。

人口模型可以用来预测人口变化。简单来说，人口模型是一个呈指数级增长的模型：人口越多，基数越大，增长就越快。但在现实中，人口增长受到诸多因素影响，比如粮食供应、卫生水平等。我们可以用模型预测一些复杂的情况，比如当物种彼此抢夺食物，甚至被捕食的时候，种群会如何变化？模型背后的方程式看起来很简单，但做出的预测却很有意义：人口变化并非一条平稳的直线，虽然在某些情况下，人口会趋于稳定，但更多时候，人口呈周期性变化，一时增，一时减，甚至在有些时候是混乱的！

指数级增长

指数级增长意味着人口基数越大，增长越快。如图所示，增长曲线在短暂平缓后，变得非常陡峭。不过，在现实生活中，由于受到诸多外界因素影响，人口不会长期呈指数级增长。

时间

生物循环

狼以捕食驼鹿为生，当狼的数量过多时，狼群内部会因抢夺食物竞争激烈，导致狼的数量下降；对于驼鹿来说，狼减少，意味着捕食者减少，因此驼鹿的数量会上升；而驼鹿变多意味着狼的食物充足，狼群会再次壮大；狼一多，又会面临食物短缺问题……现实情况更为复杂，比如，疾病或气候变化可能会影响驼鹿自身的食物供应。

狼的数量增加

驼鹿数量减少

驼鹿数量增加

狼的数量减少

数学混沌

你可能认为"混沌"意味着彻底的混乱，但其实在数学中，混沌恰恰意味着非常精确的东西。混沌理论强调"对初始条件的敏感依赖"，也就是说初始条件差别很小，但最终结果可能差别极大。举例来说，假设有两个相同的生态系统，两个系统中，狼和驼鹿的起始数量略有不同，初始条件差别不大，若干年后，在其中一个生态系统里，狼和驼鹿都绝种了，而在另一个系统里，狼和驼鹿仍然保持着周期性的关系。也就是说两个系统的最终结果差别极大。即使在非常简单的模型中，这种数学上的混沌依旧存在，与现实情况是否复杂没多大关系。

一片混乱！

人口普查

我们可不是闹着玩的……

细菌，无处不在的细菌

细菌繁殖多呈现为指数级增长，我们假设细菌 10 分钟繁殖一次，从 1 个细菌开始（重量为十亿分之一克），10 分钟后，变成 2 个细菌，20 分钟后，4 个，1 小时后，64 个。听起来好像不多，但实际上仅需一天时间，细菌的重量就能超过地球！但是，既然细菌这么厉害，为什么没有占领宇宙呢？好吧，原因是细菌依靠食物繁殖，一旦食物耗尽，细菌就不能繁殖下去了。所以，尽管很多种群起初都呈现指数级增长，但没有哪一个能一直这样增长下去。

您拨打的电话是无理数，请稍后再拨！

明星数字

你知道"欧拉数"吗？欧拉数 $e=2.71828\ldots\ldots$ 这是一个像 π 一样的无理数。它在数学中到处可见，尤其是涉及到指数级增长的时候。只要增长与种群数量成比例，你就能在某个地方找到 e。17 世纪时，雅各布·伯努利在研究货币利息时发现了 e，后来欧拉在此基础上进行研究，提出了如下公式：$e=1+1/1!+1/2!+1/3!\ldots$

你观察过自己的身体吗？你知道人体其实隐含许多数学奥秘吗？

1.5 千克
成人大脑的重量！虽然大脑只占身体质量的 2%，但能消耗全身 20% 的能量。

2 米
除红血球外，细胞中 DNA 的长度。

2 平方米
一个成年人的皮肤可以覆盖的面积！皮肤是人体最大器官。

身体里的数字

像许多动物一样，人体几乎是左右对称的，就好像人体中间有条中轴线，左右两边互为镜像。

30 亿
活到 80 岁，心脏跳动的次数！

360 千米/时
神经细胞传输信号的最大速度！与肌肉位置相关的信号往往传得非常快，疼痛信号通常传得比较慢。

试一试

尽管人体是对称的，但并非完美对称。在照片中间放个镜子，看看自己什么样子，两边脸是不是完全对称的？其实，我们人类有很多不对称的地方，比如大多数人都会有惯用手，即有的人习惯用右手，有的人习惯用左手。

身体里的分形

动脉和静脉会分支形成小血管，最后形成毛细血管。我们体内的血管就像河流的支流或树木的分枝，是天然的分形。把血管放大，看起来和放大前几乎一模一样。除此之外，肺部支气管和心跳曲线图也是分形哟。

也不完全是……

100 000 根

头发的大约总数（前提是你还没秃……）！

2 000 000 个

每秒钟新造红细胞的数量！同一时间 200 万个红细胞凋亡。

206 块

人体内骨头的总数！其中 1/4 骨头在脚上，最小的骨头在耳朵里，不足 3 毫米，最长的是股骨或大腿骨，大约有身高的 1/4 那么长。

6 个月

指甲盖重新生长出来所需的大概时间。

4 种

人类 DNA 序列中"核苷酸"的种类。DNA 大约有 30 亿个碱基对那么长。

小于 1 分钟

——一个红血球遍游体内所需的时间。

"科赫雪花"面积有限，周长无限，与之类似，肺在胸腔内体积有限，但肺的呼吸膜面积非常大，足足约有 70 平方米，约半个网球场那么大。

你的身体里有什么?

你是"一个"独立的个体，对吗? 嗯，也不完全是。也许你觉得自己孤零零的，但其实我们身上、体内还有很多其他伙伴。首先，我们的皮肤上布满了细菌，每平方厘米有几百万个；其次，我们的肠道里生活着数百种不同类型的细菌，它们可是消化食物的大功臣。总的来说，我们身上、体内的细菌、真菌和其他生物体的数量是细胞的 10 倍，但它们非常小，只占身体质量的 1% 左右。

5 天

肠道细胞的最长寿命。大脑皮层的神经细胞与人的年龄一样大。

99.9%

你与其他人的 DNA 的相似比。人类与黑猩猩 DNA 的相似比超过 95%。

生命的奥秘

思考生命可不只是生物学家的事，一些科学家认为计算机也能派上用场。正如计算机可以建造模型，模拟生命特征，生命的基石DNA也能反过来促进计算机发展，DNA计算机也许就在不远的未来。

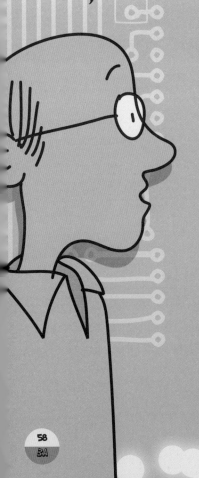

你喜欢吃什么？

啊，我只吃天然有机产品……我可受不了人造的东西！

几百年来，人类一直热衷于研究人工智能和"生物机器"。20世纪中叶，数学家已经为人工智能和人工生命奠定了基础。现在，他们正与哲学家、计算机科学家展开合作，深入探究"意识"的含义、动物行为，以及生命起源等问题。

一台"生物计算机"会是什么样子？我们希望它是智能的，会思考，还能自我繁殖、自我进化。听起来非常神奇，那实际情况呢？英国数学家艾伦·麦席森·图灵为检验计算机智能性，提出了"图灵测试"，就是问人和计算机同样的问题，如果计算机的答案和人的高度相似，那么这台机器就可以说是智能计算机——至少图灵就是这样认为的。

试一试
生命——一场游戏

　　1970 年，数学家约翰·康威发明了一种生命游戏，游戏没有输赢，也没有玩家间的竞争：游戏设定在一个二维矩形世界，这个世界里的每个单元格内居住着一个活细胞或死细胞，细胞的命运取决于八位邻居：如果邻居里活细胞数量过多，那么这个细胞会因资源匮乏失去生命；而如果活细胞过少，这个细胞则会死于孤独。许多生物学家、计算机科学家和哲学家都很喜欢康威生命游戏，因为它简单的游戏规则和初始条件模拟了生命的复杂行为。看到这里，你是不是跃跃欲试了呢？

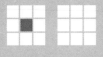

1. 如果活邻居少于 2 个，活细胞就会死于孤独。

2. 如果活邻居多于 3 个，活细胞就会死于拥挤。

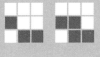

3. 如果有 3 个活邻居，死细胞就能重生。

4. 如果活邻居数量刚好为 2 或 3，活细胞能安全存活。

你好！

你好，见到你很高兴！

DNA 计算

　　在生物体的绝大多数细胞中，你都能找到 DNA 分子的身影。DNA 是"生命的指令"，决定了一个人的长相，在构建和修复身体中也发挥着重要作用，就像计算机一样，能一边运行程序，一边储存数据。

　　图灵提出，任何计算机程序都是由极其简单的指令组成的，例如"复制"。而复制恰恰是 DNA 分子的日常工作。因此，DNA 计算机的提出其实基于科学事实，并非天方夜谭。DNA 计算机基于分子，而不是当前所用的电信号，这是它的一大特点。目前相关研究如火如荼，DNA 计算机已经可以实现部分功能，包括计算平方根、制作分形图案等。

人工生命

　　与人工生命有关的是一个名为"类鸟群"（BOIDS）的计算机程序。1986 年，克雷格·雷诺兹提出这个程序，模拟动物（鸟类、鱼类）的集群运动。在这个程序里，所有点紧靠在一起，像鸟儿一样成群结队地向目的方向移动。如果在路径上放置一个障碍物，那么鸟群在接近它时就会分散飞行，飞过障碍物后，又重新聚合起来。

生活中的数学

规律在我们日常生活中随处可见。哪里有规律，哪里就有数学。对于有些规律，我们已经习焉不察，比如整理扑克牌、系鞋带，甚至是使用语言……要是你在写英语，看看是不是字母 e 出现的次数比其他字母多？

有时，规律是个隐身侠，即便是刻意设计的规律，人们也不一定能注意到，例如，锦标赛季后赛的安排方式或人们登机的顺序。规律的类型各有不同，有的按照事件发生顺序，有的按照指令，还有的依据图形的形状。有些规律比较隐秘，只有通过长期实验和观察才能得出，就比如抛硬币、掷骰子。数学既可以揭示规律又可以隐藏规律，电话、银行账户信息和在线身份都是靠数字密码"保驾护航"。

数学常常用于制作模型，模拟球体飞行、星球内部状态等规律，以便更好地预测、理解我们的宇宙。但是，有些数学想法不太接地气，比如之前提到的四维空间。暂时把这些抽象的理论放在一边，一起看看生活中的数学吧！

做选择可真是件让人头疼的事，尤其是选冰激凌口味的时候！

计算概率的时候，一定要考虑到所有可能性哟。

选择困难

真好吃！

从三种口味冰激凌中取两勺，有六种排列可能。

如果冰激凌有三种口味：草莓味、巧克力味和香草味，而你只能吃一勺，这个时候你只面临三个选择；但如果你能吃两勺且口味不能重复呢？那么，第一勺你有三个选择，第二勺剩下两个选择。如果第一勺选了草莓味的，那么第二勺不是巧克力味的就是香草味的。假设顺序会影响选择，即先草莓味后巧克力味和先巧克力味后草莓味是两种不同的选择，算下来，总共有六种可能性。这种将口味顺序考虑在内的方法，被称作"排列"。

7×7×3 ×7×5…

重复口味

如果你可以重复吃同一种口味，那么计算排列组合就容易多了。假设冰激凌有 7 种口味，你可以吃 3 勺，那么第一勺你有 7 种选择，而无论选择哪一种，第二勺、第三勺都还有 7 个选择，所以总共有 $7 \times 7 \times 7 = 7^3 = 343$ 种选择。

"组合" 锁

在解组合锁的时候，数字的顺序至关重要。如果解锁密码是 1689，你不按顺序输入，打比方说输入了 1968，那肯定解不开。所以说真的，这些锁集 "排列" "组合" 于一体，应该叫 "排列组合锁" 才对！

这个可能用得上……

假设冰激凌有 35 种口味，你可以吃三勺，那么就有 35×34×33=39 270 种选择。这样看，就算每天都吃冰淇淋，天天都有新体验。

组合

如果你不在意口味的顺序，也就是说把 "巧克力味在先，草莓味在后" 和 "草莓味在先，巧克力味在后" 看作一种，可能性就会少很多。不将口味顺序考虑在内的方法称作 "组合"。假设冰激凌有三种口味，你可以吃两勺，且口味不能重复，顺序不影响选择的话，算起来只有三种组合。

我有黑桃 A。

晕！黑桃是什么？

任意挑张牌

一副扑克有 52 张不同的牌，那么这些牌有多少种排列方式？（顺序很重要，我们需要计算出排列数。）第一张牌有 52 种可能，第二张牌有 51 种，第三张牌有 50 种，以此类推……也就是：52×51×50×…×3×2×1=52！（! 为阶乘符号）。我们可以得到一个 68 位的数字。这个数字有多大呢？假设今天世界上所有人都能在一秒内把十亿副牌排列十亿次，那还得要 10^{30} 个世纪才能覆盖所有可能性，这可比宇宙的历史还要长！要是每次拿 7 张，又有多少种可能？计算 52×51×50×49×48×47×46 便可得到结果。与之前相比，数字虽然小多了，但还是超过了 6000 亿。

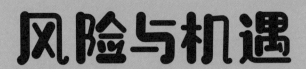

风险与机遇

啊……危险！

我们生活在一个不确定的世界，我们无法准确预测天气，无法预测彩票中奖号码……但是，概率论可以帮助我们预测未来大概会发生什么。

过去，人们认为掷骰子、抛硬币的结果是随机的，不可预测的。直到 17 世纪，人们研究序列问题，才知道看似随机发生的事实际上有规律可循。多次重复一个随机事件，你就会发现"偶然"外壳下隐含的规律。数学家还将实际问题中的随机性纳入研究范围，他们计算了运货船只在海上失踪的概率。概率论由此诞生。

今天，概率论与商业息息相关，涉及很多分支领域，例如保险业、纸牌游戏、彩票行业等。概率论在法律上也有用处，可以根据证据推断一个人的犯罪可能性有多大。在医院里，概率论也用于解释医学测试结果。

抛出正面，我赢了

你玩过抛硬币的游戏吗？硬币抛出正反面的概率都是 1/2。这一次抛出正面，并不意味着下一次更有可能抛出反面。连续抛出一百个正面的概率和交替投出正反面的概率完全一样。

别乐昏了头！

计算概率

计算概率之前，你要先了解一件事的"运作方式"。掷骰子时，每一面出现的可能性都是1/6，不存在哪个数字出现的概率更大，因为骰子制作时，每一面的重量完全一样。但在实际问题里，计算概率必须基于事实，若要预估船只在海上失踪的概率，你必须先参考每年的相关数据。

如果某件事情绝不可能发生，比如，骰子投出数字7，那么概率就是0；如果某件事十分确定，那么概率就是1，或者100%。

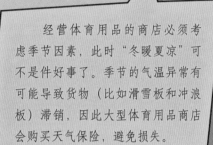

经营体育用品的商店必须考虑季节因素，此时"冬暖夏凉"可不是件好事了。季节的气温异常有可能导致货物（比如滑雪板和冲浪板）滞销，因此大型体育用品商店会购买天气保险，避免损失。

我就是来吃蛋糕的。

一起过生日

你们班上有两个人同一天生日吗？你觉得这种可能性大吗？是不是觉得很难这么凑巧？其实，从数学角度看，两个人同一天生日的可能性还是很大的，尤其当班级人数大于23的时候。来，假设同学们的生日均匀分布在一年中，并且大家的生日都是独立事件，也就是说彼此不受影响。抛开闰年、双胞胎等复杂情况，你的生日可能在365天中的任一天，而某个同学的生日可能在剩下364天中的任一天，由此我们可以得出你和这位同学生日不在一天的概率是365/365 × 364/365。（独立事件的概率通过相乘得到）。在一个3人小组中，三个人生日不在一天的概率是365/365 × 364/365 × 363/365，约等于99%；在一个10人小组中，概率约等于88%；23人小组中，概率不到50%。反过来，这意味着两个人同一天生日的概率刚好超过50%。

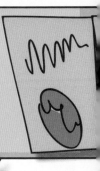

样本与平均数

还记得上次参加脑实验，让数学家"诊断"大脑兴奋点是什么时候吗？什么？从没参加过？那你上次去超市是什么时候？

统计学的内容是收集、解释数据。"平均每个家庭有 2.1 个孩子""67% 的猫喜欢吃鸟，不喜欢吃老鼠"这两个表述都是从统计学角度做出的。与数学的其他领域不同，统计学不追求准确度，而是基于数据做大致预测。

> 额，我只需要 2.7 个胡萝卜……

平均数

平均数是统计学里的一个重要概念，指的是从众多样本中算出标准数据，数值平均数和位置平均数都在此类。平均数不能代表具体数字，但能体现整体情况，极大简化了数据处理过程。常用的平均数有以下三种类型：

算术平均数：最简单的平均数是用样本数据总和除以样本数量。

中位数：将样本数据按顺序排列，将中间的数字作为平均数。

顾客忠诚

许多超市喜欢做活动，办会员就能享受优惠。很多消费者觉得这是超市在照顾顾客，殊不知，超市才是最大获利者。办理会员意味着超市能获取大量数据，通过多种渠道刺激你消费。有些超市甚至用摄像头识别顾客购物的首选路线，然后把利润高的产品摆在那条路线上。

众数：样本数据中出现次数最多的数值。如果数据按顺序排列，众数就更容易被找出来。

预测

统计学经常用来做预测，通过样本，预测整体，颇有些"见微知著""一叶知秋"的感觉。假设你从100颗糖果中随机抽10颗，其中5颗为红色，那么由此你可以估计出100颗糖果里约有一半为红色。这样预测肯定比你盲猜准，虽然比不上一颗一颗数的准确度，但胜在耗时少啊。

哇！真是"超"市！

统计数据的最大受益人一定是各大超市。超市收集各种各样的数据，比如哪些品牌在雨天卖得最好，或者哪些食物经常搭档售出。借助数据，超市能掌握消费者的消费偏好，获取更多利润。例如，他们发现有些顾客经常一起买奶酪和芥末，便主动"投其所好"，将两个商品"捆绑"销售，提高销量。

脂肪陷阱

逛超市的时候，我们的大脑一直在高速运转：罐头性价比如何，营养成分含量多少，热量高低等。不过，在挑选的时候，我们可要擦亮眼睛，因为包装袋上的数据里有很多陷阱，特别是那些推销员极力推荐的产品。例如，一包"健康"薯片的包装上写着可以减少33%的脂肪——可能它只有20克脂肪而不是30克——但这并不意味着它们是低脂的。广告语总能抓住人性，不信请看："脱脂90%的蛋糕"和"仅含10%脂肪的蛋糕"，比较这两个广告语，你会购买哪一个？大多数人选择了前者，尽管两句话的意思没有一点儿差别。所以，让我们做理智的消费者，绕开这些脂肪陷阱！

等等……你说这些不是真的低脂产品，究竟什么意思？

算法

把这些乱七八糟的东西整理出来！

对有些人来说，算法是"熟悉的陌生人"，你可能没听说过它们，但你其实每天都在使用。算法通过精确计算、逐步推演，可以在计算机上实现排序、检索等功能。

数据库是一个长期存储在计算机内的、有组织的、可共享的、统一管理的数据集合。你可以把它想象成一个数字文件储存柜。算法就是快速排列、检索数字文件的方法。排列算法可以快速将文件按照某一规律，比如从小到大，进行排列；检索算法可以帮我们快速找到想要的网站、歌曲或书籍。

两种排列算法

计算机算法的原理三言两语说不清，不如让我们在玩纸牌过程中慢慢理解。假设现在你想按照从小到大的顺序排列一副纸牌，有两种算法供你选择：

插入排序。我猜你肯定早就掌握这个算法了。插入排序简单直观：先取一张牌，紧接着取第二张，比较两张牌的大小，把第二张牌放到合适的位置（前面或后面），接下来取第三张牌，与前两张牌比较大小，放到合适的位置，以此类推……等你取完最后一张牌，并按序列排好，排列工作就完成了！

代数　烘焙　木工　潜水　经济　法语　园艺　草药　网络　笑话大全　皮划艇　打油诗

冒泡排序。首先比较第一张牌和第二张牌，如果第二张牌比第一张牌小，那么就调换这两张牌的位置。接着比较第二张牌和第三张牌，根据比较结果做相应调整，以此类推……一轮结束后，从最后一张牌开始第二轮比较……等所有牌都无需调整了，排序就大功告成！之所以叫"冒泡排序"，是因为每两张牌中较小的一张会"冒泡"，慢慢浮到前面。

只有排列好的牌才能用二分法哟。

两种检索算法

现在，试试检索某一张牌。在一副未经排列的牌里，你只能一张牌、一张牌挨着查，有时很幸运，第一张牌就是目标对象，有时候可能要苦苦寻觅，一直找到最后一张牌……这种方法叫作线性或顺序检索。

要是牌已经排列好，那么可以使用"二分法"或"对半检索法"。首先把牌分为两部分，很自然前半部分的数字比后半部分的数字小，接下来比较一下你的目标牌和前半部分的最后一张牌，要是目标牌比较大，那前半部分的牌无需进一步考虑。把剩下的半部分牌分为两半，重复之前的步骤，你会发现自己手中的牌越来越少，26张、13张……多使用几次二分法，你就能找到目标牌啦！

逃出迷宫

如果你困在迷宫里束手无策，快试试下面两种算法。一种叫"随机鼠窜法"，即在路口随机选择一个方向。随机选择也许能带你出去，但也有可能只是绕了几圈做无用功。先别失望，来看看"沿墙算法"吧，这是逃脱简易迷宫的最佳方法，屡试不爽。方法很简单，只要一直摸着墙走，不断试错和纠正，一定能走出迷宫。

阿尔·花拉子米

阿尔·花拉子米（约780—850）是一名阿拉伯数学家，长期在巴格达智慧院做研究。他将印度的十进制记数方法介绍到西方，并且像当时的许多数学家一样，阿尔·花拉子米在天文学方面也颇有研究。他被誉为算法鼻祖，"代数""十进制算法"和"算法"这几个词都与他有关。

真是太神奇了！

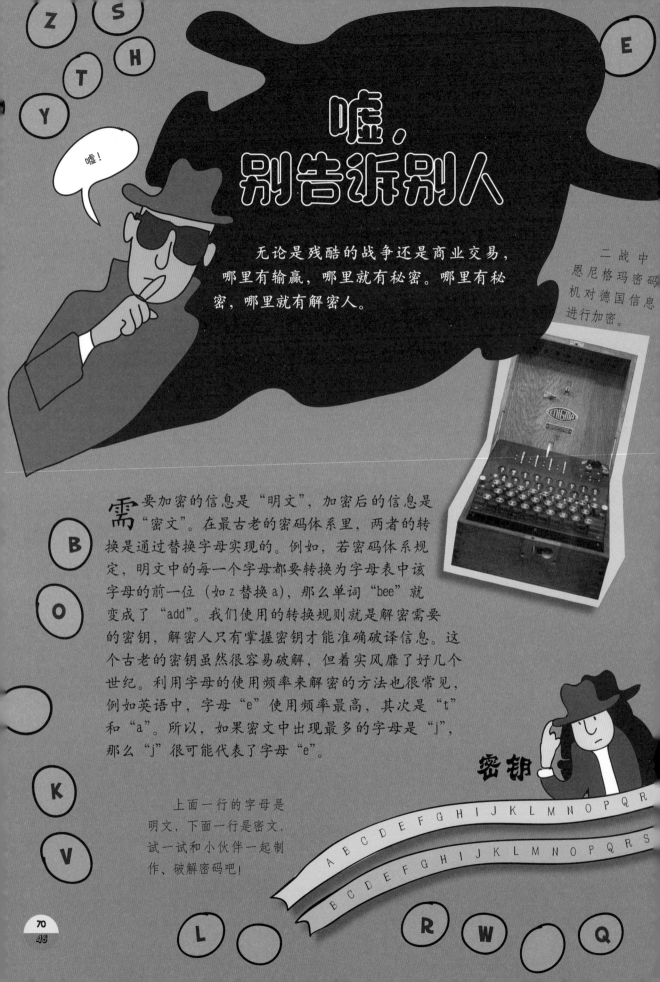

嘘，别告诉别人

无论是残酷的战争还是商业交易，哪里有输赢，哪里就有秘密。哪里有秘密，哪里就有解密人。

嘘！

二战中恩尼格玛密码机对德国信息进行加密。

需要加密的信息是"明文"，加密后的信息是"密文"。在最古老的密码体系里，两者的转换是通过替换字母实现的。例如，若密码体系规定，明文中的每一个字母都要转换为字母表中该字母的前一位（如z替换a），那么单词"bee"就变成了"add"。我们使用的转换规则就是解密需要的密钥，解密人只有掌握密钥才能准确破译信息。这个古老的密钥虽然很容易破解，但着实风靡了好几个世纪。利用字母的使用频率来解密的方法也很常见，例如英语中，字母"e"使用频率最高，其次是"t"和"a"。所以，如果密文中出现最多的字母是"j"，那么"j"很可能代表了字母"e"。

密钥

上面一行的字母是明文，下面一行是密文，试一试和小伙伴一起制作、破解密码吧！

A B C D E F G H I J K L M N O P Q R

B C D E F G H I J K L M N O P Q R S

试一试
破解密码

试试破解下面这个密码。先给你个小提示，"the"是英语中出现频率最高的三个字母的单词，然后数数密码里出现了多少个英文字母。Gsv jfrxp yildm ulc qfnkh levi gsv ozab wlt.

多表代替密码

为提高密码的加密强度，"多表代替密码"适时登场。这个新方法是怎么加密的呢？如右图所示，可绘制一个类似三角形的表格，明文竖排写在最左侧，从第二行开始，也就是从R开始，用连续的字母填写每行。每行字母数和行数相等，最后沿着三角形斜线就可以读出密文。图中这个例子里，TRIANGULAR加密后变成TSKDRLASIA。在二战中，德国的恩尼格玛密码使用了多表代替法，难倒了许多数学家，他们耗费大量时间精力才将其破解，他们对密码的研究甚至催生出最早一批计算机！

```
T
R S
I J K
A B C D
N O P Q R
G H I J K L
U V W X Y Z A
L M N O P Q R S
A B C D E F G H I
R S T U V W X Y Z A
```

公钥密码学

当今世界，密码在网络信息安全中发挥至关重要的作用。现代密码学吸纳了大量数学知识以及许多千奇百怪的想法。公钥加密指的是由一对唯一性密钥组成的加密方法。密钥分为公钥和私钥。公钥是公开的，用来锁定信息；私钥只有持有人知道，用来解密。

有一种公钥是将两个大质数相乘，得到一个非常大的200位数字，而为了破解私钥，你得对这个大数做因数分解，工程量巨大，即使用最快的超级计算机也得几个月甚至几年的时间……

我把密码忘了……

啊！分解这个数就可以：
4 951 755 139
626 284 227
693 117 441 !

有没有提示？

V W X Y Z

W X Y Z A

M I G U X

空中那些事

数学是航空运输业的大功臣，导航系统、机翼设计、航线制定、机票定价，甚至连登机方式都离不开数学。

嘿！安全带在哪儿？

0 英镑

机票定价可大有门道。过去，机票定价规则与汽车、火车类似，早买晚买，票价都一样。机票以盈亏点为基准定价，比如对于 100 座的飞机，每张票至少定价高于 100 英镑才能获利。但今天，机票价格波动非常大。下次乘飞机时，不妨问问邻座的票价是多少，他的机票可能比你的贵上几倍哟。

现在，航空公司推行非常复杂的定价策略。他们把座位分批出售，第一批开放 90 个座位，乘客能以 90 英镑的"早鸟"价预定。第二批开放剩下的 10 个座位，标价 200 英镑，目标乘客是有临时商务出行需求的人。你可能会想，第二批机票价格这么高，真的会有人买吗？答案是肯定的，因为总有临时需要出差的人，而临近飞行日期，一票难求，哪里还顾得

有人想打乒乓球吗？

航线网络

连接城市有两种基本模式：中心辐射式和点对点式。航空公司根据实际情况，灵活使用两种模式。

中心辐射式：枢纽城市（A）直接连接到其他城市，但要是 A 出问题，整个航线网络都会受到影响。

点对点式：城市与城市分别连接，但航线数量多，难管理。

150 英镑

上价格？如果按照这种售票方式，100 个座位全部售出，那么尽管 90 个座位亏本出售，航空公司最后仍能盈利。

实际定价程序远比我们想的复杂，航空公司要考虑多方因素，诸如航班日期、学校放假时间、业内竞争等。现在，航空公司、酒店等服务提供商纷纷采用数学定价模型等技术模拟并确定价格，以最大化其利润。

一种方法是隔排交替入座，先坐靠窗的座位，这样乘客有时间安顿行李，也不会挡住后面的人。另外，就算是随机登机也比传统从后往前的方法效率高。

"登机大战"

你知道登机的最佳路线是哪条吗？嗯，反正记住一点，从前往后走是最糟糕的方式！在你前面登机的乘客可能携带大包小包，他们放行李的时候，你和后面的乘客只能被迫停下等待，严重影响登机效率。因此，航空公司的传统做法是从后往前登机。不过，现在数学家已经想出了更好的办法。

要是他们能走快点儿，我愿意多花钱！

200 英镑

165 英镑

255 英镑

165 英镑

430 英镑

建筑时间到

实用性和美观性是建筑师的两大追求。一方面，建筑物要经得住大风和地震，另一方面，建筑物又要具有美感和审美价值。这两方面可都离不开数学。

摩天大楼高耸入云，经受的主要考验之一就是大风天气。不过，独特的楼面设计可以偏转风向，缓和风力，减少影响，但即便如此，建筑物顶层由于高度太高，在大风中摇晃个一两米也不足为奇。而这种晃动会对建筑物本身造成一定损坏，建筑物里的人有时还会有晕船的感觉。除大风外，地震等自然灾害也是摩天大楼的重点防范对象！

为减轻晃动幅度，一些建筑物内部会配备大型"阻尼器"，或称"减震器"，一般来说这是一个挂在摆锤上或固定在弹簧上的钢块或混凝土块。

测地线穹顶

想象一下，把半个蛋壳倒扣在地面上，这大概就是"测地线穹顶"的样子。测地线是指球面上两点之间的最短曲线。学术上，测地线穹顶的定义是：由近似测地线组成的整个或部分球体。测地线穹顶坚固、稳定，体积重量比是所有已知线性结构中最大的。但是，这种结构也有很多不足，比如有太多接头和边缘处需要密封，并且墙壁全是弧面，挂幅画或者装个壁橱都是个大难题！

门在哪儿呢？

阻尼器

所有物体都有其自然频率，即受到推力或拉力时发生振动或移动的速度。例如，吉他弦、秋千和钟摆在受到外力时都以各自的自然频率振动，而如果推动物体的频率接近其自然频率，那么物体就会做更大幅的运动。

建筑物也有自然频率，这意味着和小提琴弦一样，建筑也能通过人为调整达到平衡状态，这样一来，风暴的危险就能大大降低。

倒置的建筑

西班牙的建筑大师安东尼·高迪（1852—1926），也是一位美术大师。他的建筑作品奇特而华丽，以优美的造型引来人们的赞叹。他用别致的造型建造出一座座奇异的建筑，让建筑像一条条曲线一样延展开来。

每当他要设计新的建筑时，都会在脑海中进行思考，建出倒置的模型，然后再倒过来观看设计出的建筑，将其"扶正"。

数学传说

数学是一门关于数字和符号的语言，数学家畅游其间，将高深莫测的数学原理转换为通俗易懂的语言。数学也给作家带来源源不断的灵感。

《爱丽丝梦游仙境》就是一本将数学与文学完美融合的经典著作。作者刘易斯·卡罗尔是牛津大学的一名数学教授，在写作过程中，他主动把数学纳入文学，书中那些"无稽之谈"背后都有数学原理。书中"丁当兄弟"吵架的时候，善用数学逻辑，巧妙狡黠。书里的莫克龟还会四种算术方法——野心、分散、丑化和嘲笑，分别对应数学里的加、减、乘、除。

我读到哪一页来着？

世界上最"长"的诗？

除了内容外，文学结构也可以从数学中获得启发。1961 年，法国作家雷蒙·格诺发表了《一百万亿首十四行诗》。格诺是乌力波写作小组的一员，这个小组提倡"有限制的写作"，即像数学一样，把写作限制在某个格式里。十四行诗指一首诗有十四行，

但格诺每一行都写了 10 个版本，也就是说你可以随意组合诗句，组成一首诗。

算一算，你有多少种组合方法呢？第一行有 10 种选择，前两行有 10^2 种组合，前三行有 10^3 种组合……以此类推，总共有 10^{14} 首，即一百万亿首不同的十四行诗。如果一分钟读一首，大概 2 亿年你就能读完了……

打字的猴子

你可能听过这样一种说法：给一只猴子配备一台打字机，让它每秒钟随机地敲一个键，只要时间可以持续无限长，猴子总有打完莎士比亚全集的一天……不过，这在宇宙的"有生之年"是不太可能发生的。当然，如果有无限只猴子同时打字，时间就不会这么久啦！

《巴别图书馆》

阿根廷作家豪尔赫·路易斯·博尔赫斯曾写过一个关于图书馆的故事。文中的图书馆包罗万象，涵盖世界上所有可能被写出来的图书，也就是书写符号、空格、标点所有可能的组合。即使大部分书籍没有实际意义，没有可读性，图书馆里还是有无穷多个版本。

数学与音乐

仔细研究一首曲子，你会发现音乐里有很多数学元素，比如比率、总和、对称性等。数学和音乐都是抽象的艺术，所以喜欢数学的人往往也是音乐迷。

比如，毕达哥拉斯学派的学者就把数学和音乐巧妙结合在一起。他们用比率确认音阶，基于无理数进行钢琴的调音。

对称性是音乐的一大特征。巴赫的《卡农》是对称乐曲的代表作，不妨去听一听，看看对称性体现在哪里。

假设键盘上有 60 个键，一只猴子每秒能敲一个键，那么一年之中，24 只猴子能在某一秒刚好打出"HELLO"这个单词，而在十亿年时间里，1000 只猴子能在某一秒打出字符串"HELLO WORLD"……

体育与数学

太有弹性了吧！

盯着球

网球比赛中，网球以超高速砸向地面，我们的肉眼很难看清一颗球的落地点。那怎么捕捉到球落地的瞬间呢？这就要用到数学了。将摄像机与计算机相连，摄像机从不同的角度拍摄，计算机再利用三角测量的方法，计算球的路径，然后应用牛顿运动定律确定球的落地点。

你说什么呢！这球就是得分了！

数学和体育运动息息相关，可用于测算、计时、组织比赛、研发设备、开展训练……

无论是在赛场还是训练场上，运动员随身佩戴的传感器可以捕捉运动数据，准确记录身体动作和运动规律。专业人员会依据数学模型进行进一步研究，提出针对性建议，帮助运动员提高技能和效率。比如，田径运动员可以根据数据模型调整步幅，高尔夫球运动员可以调整身体姿势和角度以便更好地挥杆。

数据记录还是运动场上的"晴雨表"，能反映出一个运动员或一支队伍在一场比赛或整个赛

循环赛与淘汰赛

如果参赛者众多，你该如何安排比赛，才能保证参赛者公平竞争呢？目前，主要有两种比赛形式：淘汰赛和循环赛。淘汰赛中，运动员或运动队两两配对，每一轮比赛结束后，输掉比赛的一方淘汰；循环赛中，每支运动队可与其他队对战一次，根据表现累积分数，获得最终排名。淘汰赛是速战速决型比赛，每一轮都有一半参赛者离开赛场，而循环赛是持久战，不到最后不分胜负。如下图所示，四名球员采取循环赛对决，每位球员要和其他球员对

战一次。现在，许多足球联赛采用双循环赛，即所有参加比赛的队均能相遇两次，最后按各队在两个循环中的积分、得失分率排列名次。

第一轮　第二轮　第三轮

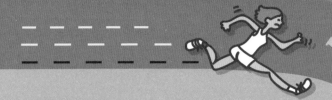

百米赛跑世界纪录

20 世纪 20 年代	10.4s（男子）	12.0s（女子）
20 世纪 60 年代	9.95s（男子）	11.08s（女子）
2012 年	9.572s（男子）	10.49s（女子）

　　季的状况。这也意味着，教练能直观地看到运动员的弱点，从而进行针对性训练。

　　毫不夸张地说，没有数学，就没有体育赛事。你怎么证明球场上的两个球门一样大？空口无凭，得靠数字说话，无论是球场尺寸，还是球的重量、压力、弹力……这些都和数学相关。

嗯……

二十面体！

　　一个标准的足球并不是一个完美的圆球。它一般由 32 块黑白色块缝合而成，其中黑色色块近似五边形，有 12 块，白色色块近似六边形，有 20 块。足球的构造就像是磨去了尖角的二十面体，二十面体是由 20 个等边三角形组成的正多面体。2006 年，足球制造商依据气流模型"纳维·斯托克斯方程"设计推出新式足球，这种足球仅有 14 个色块，因此接缝更少、更光滑，在空气中滑行更流畅。当然，对球员来说，这使得预测足球的路径和落地点变得更加困难。

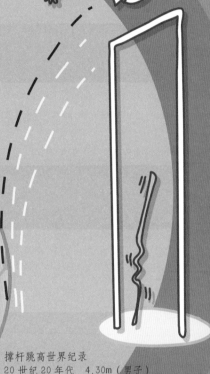

撑杆跳高世界纪录

20 世纪 20 年代	4.30m（男子）	
20 世纪 60 年代	5.44m（男子）	
1992 年	4.05m（女子首次纪录）	
2012 年	6.14m（男子）	5.06m（女子）

哦！

跳远世界纪录

20 世纪 30 年代	7.93m（男子）	5.98m（女子）
20 世纪 70 年代	8.90m（男子）	6.82m（女子）
21 世纪 30 年代	8.95m（男子）	7.52m（女子）

宇宙的语言

原来如此啊。

数学

数学和物理形影不离。数学的一个神奇之处（有时被称作数学的"不合理有效性"）在于它能描绘宇宙，效果惊人。物理学方程式一次又一次超前预测出只有在实验中才能观察到的东西。很难想象，仅仅在纸上摆弄一些符号，就能解释太阳如何发光。在亚原子尺度和宇宙尺度上，数学似乎不只是提供模型或描绘现实，而是真实"存在"于那里。

因此，如果你想从原子、光、电、引力、恒星、空间和时间的角度思考宇宙，数学这门语言可得好好掌握！

运动定律

自古以来，人类一直试图弄明白物体发生运动的原因。多亏了 17 世纪的数学革命，今天我们才能精准地发射探测器，使之经过 5 亿千米的太空旅行，抵达火星。

古希腊人不太了解"运动"这个概念，例如，他们认为较重的物体比较轻的物体更早落地。中世纪时期，数学家们开始探索加速度等概念。到 16 世纪，意大利科学家伽利略·伽利雷进行了详尽实验：给从斜坡上滚下的球计时，计算不同重量的物体从同一高处落下的降落时间。由此，他发现了惯性定律：如果某物体处于静止状态或以恒定速度运动，那么除非受到外力作用，否则该物体将始终保持静止状态或以恒定速度运动。

牛顿运动定律

力

加速度

牛顿第一运动定律（惯性定律）：物体在没有受到外力的作用时，总保持静止或匀速直线运动。

牛顿第二运动定律：物体加速度的大小跟作用力成正比，与物体质量成反比。加速度的方向跟作用力的方向相同。

牛顿第三运动定律：相互作用的两个物体之间，作用力和反作用力总是大小相等，方向相反，且作用在同一条直线上。

什么是微积分？

英国科学家艾萨克·牛顿可是位响当当的大人物。他的著作不仅解释了运动定律，还介绍了万有引力——将所有有质量的物体吸引在一起的力量。他用几何学支撑自己的观点。除此之外，牛顿还发明了一种数学方法，用来研究运动和变化，这种方法就是后来的"微积分"。大约同一时期，德国人戈特弗里德·威廉·莱布尼茨独立发明了微积分，这导致他与牛顿之间激烈的微积分学论战。今天，两人都被视为微积分的发明者。

据说，伽利略从比萨斜塔顶上扔下两个不同重量的铁球，想以此证明重物和轻物以同样的速度下落。事实证明，他是对的。

啊，快看！

牛顿定律

艾萨克·牛顿

17世纪末，艾萨克·牛顿在伽利略"惯性原理"的基础上增加了两个定律。牛顿第二运动定律描述了物体所受的外力如何使其加速。第三运动定律描述的是，如果你推一个物体，给物体施加外力，该物体给你同样大小的反作用力。牛顿认为，他的万有引力定律和三大运动定律，适用于宇宙中的所有物体——从坠落的苹果到运动的行星。

现在我们知道，除了在非常小的尺度（大约原子大小）或非常高的速度（接近光速）两种情况外，牛顿定律非常精确。在小尺度上，我们需要量子力学，它依赖于大量代数运算。而在接近光速时，就要用阿尔伯特·爱因斯坦的相对论来解释运动了。

试一试
让地球动起来

古希腊思想家阿基米德曾说："只要给我一个支点和一根足够长的杠杆，我就能撬动地球。"但是，找到符合条件的杠杆真是难如登天（找到一个放置它的支点也是如此）。不过，如果按牛顿运动定律推论，让地球动起来好像也不是难事。根据牛顿第三运动定律，如果你给地球施加外力，例如，你使劲儿跳起来，砰的一声落地，地球就会朝你的方向，给你一个相同的推力。而根据牛顿第二运动定律，推力促使你向上加速，也会使地球向下加速！当然了，地球几乎没有移动，因为你和地球之间实在是"重量悬殊"啊。

轨道

上升的东西必然会下落，除非，它脱离了地球引力！牛顿的万有引力定律解释了为什么苹果会落到地上，月球轨道的形状，以及如何将行星用作"引力助推器"。

低速发射的炮弹落回地球。

一颗从树上掉下来的苹果，启发了牛顿，推进了物理，改变了世界。万事万物间都存在引力，在宇宙中，引力使得行星围绕恒星（太阳）运行，卫星（月亮）围绕行星运行。

哎哟！掉下来的应该是个苹果才对！

运行与逃逸

在牛顿的假设中，山顶有一门大炮，它可以以任何速度水平发射炮弹。若低速发射，炮弹会落回地球；若高速发射，炮弹不会落到地面，而是以一定高度环绕地球运行；若以超高速发射，炮弹就会离开地球，射向太空，这种超高速就称作"逃逸速度"。

引力弹弓

借助行星的引力，航天器可以像弹弓上的钢珠一样高速弹射到宇宙中。1977年，美国在发射"旅行者1号"探测器时就利用了"气态巨行星"的引力，提升发射速度。

超过逃逸速度，炮弹就会脱离地球引力。

理论上，只要发射速度够快，一个普通的球也可以进入轨道。

黑洞是广义相对论预言的一种特殊天体，引力极大，任何物质（包括光在内）都无法逃脱黑洞。目前有一种说法，当巨大的恒星在自身引力的作用下向中心坍缩时可能会产生黑洞。

平方反比定律

引力大小与距离成反比，距离越大，物体间的引力就越小。因此，距离增加一倍，引力就变为 ($\frac{1}{2}^2$)，即 1/4；距离增加三倍，引力只剩 1/9。这个规律就是"平方反比定律"，是天体运行轨道的基础定律。

我肯定就在那边！

空间几何

17世纪时，德国天文学家约翰内斯·开普勒意识到，行星的轨道并非圆形，而是椭圆形。后来，牛顿用数学方法证明了这一点。其实，在我们大多数人的想象中，行星轨道是圆形的。圆形轨道并非不可能，只是条件必须绝对完美，即天体带入系统的能量能创造一个绝对没有偏心的轨道，这实在太罕见了。还有一种双曲线轨道，比如，有的彗星就围绕太阳做双曲线运动，靠近太阳时，彗星的路径由直行变为向太阳弯曲，但由于速度和距离特殊，彗星不会进入重复轨道环太阳绕行，而是由环行转回直行，飞向太空，永不返回。

抛物线

椭圆

双曲线

时间

没有时间，就没有变化，没有成长，没有运动，也没有生命。我们创造了古代历法、现代钟表，看起来，我们已经理解时间，掌握其规律，但现代物理学却告诉我们，时间捉摸不定，远比我们想象的古怪得多。

试一试
画时间

准备一个手推车、一个塑料瓶，找一个光滑的地面。首先，在瓶底扎一个洞，用胶带封住洞口，往瓶子里装满水或沙子。下一步，将瓶子绑在手推车上，孔朝下，调整瓶子，使之能左右摆动。接下来是见证奇迹的时刻！撕掉胶带，让瓶子左右晃动起来，平稳推动手推车向前行进。随着瓶子的摆动，水或沙子会在地上画出一个特殊的形状，而这个形状由频率、振幅不同的正弦波复合而成，类似声波和海浪波纹。

人类先是通过观察日出、月相和季节来记录时间，但此时的时间只限于年、月、日。后来，机械钟的发明让我们可以测量很短的时间——时、分、秒，这也使得科学家能够进行精确的观察。

计时

你见过早期的摆钟吗？下方一个摆锤左右摆动，上方的指针便随之转动，显示时间。今天，随着科技发展，这类时钟早已变成老古董。目前市面上，石英钟表占钟表业的半壁江山。石英晶体制成的微小音叉与电池相连时会产生规律的振动，一个简单的电路就能计算振动的次数，振动 32 768 次时，电路就会传出讯息，秒针就往前走一秒。石英音叉的振动相当规律，一天之内的误差不会超过 1 秒。最精确的计时装置是原子钟，也就是计算原子的振动次数，可以精确到一亿分之一秒。

导航

钟表在导航方面也"大有作为"。全球定位系统（GPS）的卫星通过传输时间信号，让用户获得实时位置信息。GPS 可以理解为一个时刻向外发送数据信息的电台，发送的信号带有时间信息，GPS 接收器（比如我们的手机）可以查阅卫星历书确定卫星的位置。结合时间信息、信号传输速度，我们就能知道卫星有多远。一般来说，GPS 确定位置至少需要四个卫星的信号，三个用来确定 GPS 接收器的纬度、经度和海拔高度，第四个则同步校正时间。

双胞胎悖论

20 世纪初，阿尔伯特·爱因斯坦提出相对论，从那以后，人们对时间有了不同的认识。根据狭义相对论，时钟的运行速度取决于其运动速度，也就是说一个相对静止的钟和运动着的钟时间流逝速度不同，前者快于后者；根据广义相对论，引力可以使时间变慢。摩天大楼顶层的引力小于底层，因此顶层的时钟走得比底层的快一点儿。有一个双胞胎悖论，说的是双胞胎中的一个当了宇航员，在接近光速的情况下旅行多年，而另一个生活在地球。后来，宇航员回到地球，发现自己的姐姐已经年迈，而自己还很年轻。

极限速度

你怎么了？

航班到早了！

钟表越转越慢，人在快速旅行时变得越来越小……这些不可思议的事都是光速的"杰作"。

打开一盏灯，光要多久才能到达眼睛？似乎是开灯的同时就看到了光，对吧？但其实光没有那么快。光速几乎是宇宙中最快的速度。光速简写作"c"，在真空中，约为每秒30万千米。照这个速度，太阳发射的光大概8分钟后就能抵达地球，而除太阳外，最近一颗恒星的光大约需要4年才能到达地球。当我们仰望夜空中的仙女座星系时，那些星星似乎就在眼前闪烁。但你知道吗，这些星光，穿越漫漫时空，穿过浩瀚宇宙，历经250万年左右，才到达我们面前。

相对论

17世纪时，伽利略就提出了"相对论"的原理。他认为，如果你身处一艘航行平稳的船的甲板下，看不到外面，没有对照物，你就无法判断自己是运动的还是静止的。牛顿的观点则是：时间在宇宙各处以相同速度流动。根据伽利略的理论和牛顿运动定律，你可以快速计算出加大的速度。如果一个人踏着滑板以每秒5米的速度前进，并以每秒10米的速度向前进方向抛出一个球，你可以快速得出球的速度为每秒15（5+10=15）米。

哇！太快了！

哎哟!

疯狂但真实

1905 年，爱因斯坦提出狭义相对论，修正了牛顿的观点。他指出，（真空中的）光速对任何人来说都是相同的，无论这个人的状态是移动的还是静止的。在低速时，狭义相对论的影响较小，但接近光速时，狭义相对论的作用很大。以滑板上的人为例，如果这个人以 90% 的光速飞驰而过，并以相同的速度向前进方向抛出一个球，这个球将以大约 99% 的光速飞行，而不是之前认为的 180% 的光速。滑板上的人前进得越快，手表就走得越慢，且人在行进方向上的身影越来越小，质量越来越大。根据狭义相对论还可知，物体的质量与能量有关，E（能量）$=mc^2$（质量 × 光速的平方）。

他们说，这个大小就够了……

突破极限速度是笔不划算的买卖，因为根据狭义相对论，汽车在接近光速时会缩小。

特殊效果

狭义相对论会带来很多特别的视觉效果。如果一辆车以接近光速的速度从你身边驶过，车会比平时看起来小很多，当一艘高速飞船呼啸而过时，飞船上的巨型米尺在你看来也会变得小巧可爱，而若是你身边刚好也有一把巨型米尺，飞船里的外星人也会觉得你的尺子很小，这就是相对论!

0 的光速

0 千米 / 秒
静止时的汽车长度

66% 的光速

7.12 亿千米 / 小时
汽车在一秒钟内绕地球赤道行驶约 5 圈

99% 的光速

10.6 亿千米 / 小时
汽车在一秒钟内绕地球赤道行驶约 7.5 圈

宇宙的形状

空间是什么形状的？是不是无限延伸，没有尽头？
物理学家说的四维空间、十维空间又是什么意思？

当我们想在空间中确定一个点时，我们要用到三个坐标值：高度、长度和深度。许多年来，人们认为空间和时间两者没有关系，直到1908年，数学家赫尔曼·闵可夫斯基提出"时空连续体"概念，改变了人们的想法。赫尔曼将空间的三个维度与时间的一个维度结合起来，每个事件都可以用四个坐标值确定，其中三个空间坐标值表示位置，一个时间坐标值表示发生的时间。

把握时空这个概念，有助于我们理解爱因斯坦的相对论。狭义相对论对宇宙中涉及时间与空间的两个事件之间的距离有了全新的概念。而时空对于爱因斯坦关于物质间引力相互作用的理论，即广义相对论，也至关重要。

在牛顿看来，引力是一种使物体下落或使行星在轨运行的力量。但爱因斯坦不这么看，他认为引力能使时空弯曲。

时空弯曲是什么呢？来，让我们把时空想象成一个可以拉伸的橡胶板，

这也是科学？！

不止四维空间

四维空间已经冲破我们的想象，可物理学家认为，空间维度远不止于此。物理学中有一个"弦理论"，该理论认为，宇宙有十九个空间维度和一个时间维度。这些额外维被卷曲到非常紧非常小，以至于我们没有发现它们，它们只对亚原子粒子，即原子内的微小粒子有影响。

90
5A

别往下看……

隐藏的维度

如左图所示，对于人来说，绳子是一维物体，用一个数字就能说明自己在上面的位置，也就是与绳子末端的距离，绳子上的两个人只能沿绳子左右移动，但若想要换位置，着实不容易。对于微小的蚂蚁来说，绳子是二维物体，蚂蚁不仅可以沿绳子左右移动，还可以绕着绳子移动，而恰恰因为有两个维度，蚂蚁可以轻松换位置。

啊！！啊

就像蹦床似的。像恒星这样的大质量物体会扭曲时空，就如一个沉重的球重重砸向橡胶板，留下凹陷，这个凹陷影响到附近那些较小的天体，改变他们的运行轨迹。时空（橡胶板）的扭曲就是引力造成的。在太空中，行星围绕着恒星造成的凹陷运行，甚至连光也受其影响变弯了。

空间的形状

就目前的研究来说，在较小范围内（比如说我们的太阳系），宇宙是相当平坦的。曾经，宇宙体积很小，可能是紧密弯曲的。目前人类可观测的宇宙范围大约是 930 亿光年，但宇宙可能比这个大得多，而且它还在不断膨胀中。

啊！！

有巨大引力的物体，比如黑洞也有可能造成时空扭曲。但这种天体离地球太远，目前还不会干扰太空旅行哟。

问题解决了！

棋盘上总共有 264-1 个硬币，即 18 446 744 073 709 551 615 个硬币。

希尔伯特旅店可以让住客搬到"两倍房"，也就是说，新房间的房号是原来的两倍，即 1 号房客搬到 2 号房，2 号房客搬到 4 号房，以此类推。这样一来，原来的住客就搬到无穷多个偶数房间里，而新客人就能住到无穷多个奇数房间里啦。

欧拉质数公式适用于 1 到 40 的所有数字，$41^2+41+41$ 可以被 41 整除，不是质数。

怎么破解帽子戏法？我们采取排除法。A 和 B 帽子的颜色有三种情况：都是橙色的；都是绿色的；或者一个是橙色的，一个是绿色的。如果 A、B 的帽子都是橙色的，考虑到只有 2 顶橙色帽子，那么 C 就可以肯定她的帽子是绿色的。但我们听到 C 说不知道，这就说明 A 和 B 中至少有一人的帽子是绿色的。如果 A 的帽子是橙色的，那么 B 的帽子就一定是绿色的，但如果 A 的帽子是绿色的，B 的帽子既有可能是绿色的也有可能是橙色的。而 B 说不知道自己帽子的颜色，这时 A 就能通过排除得到答案啦，A 的帽子是绿色的。

文氏图的答案：有 6 个人既不喜欢斑马也不喜欢犀牛。

数字 2 既是质数又是偶数！找到这个反例就能反驳"所有质数都是奇数"这个命题了！

很遗憾，在一个平面上，每所房子到每个公用事业公司之间的线条必然会交叉……不过，别灰心，平面不行，环面却可以哟。详情看右上图，亲自试一试吧！

"The quick brown fox jumps over the lazy dog."

（敏捷的棕色狐狸跳过了那只懒惰的狗。）这个句子中包含了英文字母表中的所有英文字母。

数列
第一章有两组数列

1，4，9，16，25…这是前 5 个自然数的平方（$1^2 = 1$，$2^2 = 4$，$3^2 = 9$…）

1，3，6，10，15，21…如下图所示，此数列为三角形的顶点数。

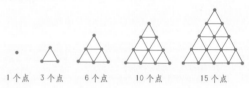

1 个点　3 个点　　6 个点　　10 个点　　　15 个点

第二章

1，2，4，8，16，31，57…这个数列非常棘手。圆周上顶点数逐渐增加，各顶点间由直线相连，直线构成网络，将圆切分成多个区域，数列的数字就是区域的数量。具体请看下图。

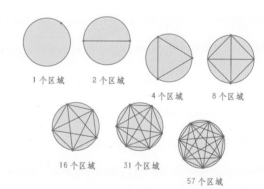

1 个区域　　2 个区域

4 个区域　　8 个区域

16 个区域　　31 个区域

57 个区域

第三章

9，3，1，1/3，1/9，…每个数都是前一个数的 1/3。

第四章

1，3，4，7，11，18，29，47，76，123…这是"卢卡斯数列"，像斐波那契数列一样，从第三个数字开始，每个数字都是前两个数字的和，只不过卢卡斯数列是从 1，3 开始的，而不是 1，1。

第五章

4，6，8，9，10…这些是合数。看看哪些数字不在其中，你就能找到规律啦！

名人堂

阿尔伯特·爱因斯坦（1879—1955）

爱因斯坦的早期目标是成为一名老师，教授数学和物理，但没想到后来成了专利局的一名技术员。业余时间，他投身科学研究，撰写论文，发表研究成果。即使在今天，他的研究仍然超前，指导我们认识宇宙，走进宇宙，探索世界的奥秘。尽管他的研究为原子弹提供了理论基础，但他本人却痛恨战争，反对核武器，是一名坚定的和平主义者。

保罗·埃尔德斯（1913—1996）

匈牙利数学家保罗·埃尔德斯的经历十分传奇。他孑然一身，没有固定工作，常常"轻装上阵"，带一只小皮箱四处游走，找找研究伙伴，做做研究，再赶赴下一场旅途。他终日与概率论、图论、组合学等相伴，发表了约1500篇论文。埃尔德斯捐出了自己获得的大部分奖金，设立基金奖励其他数学家。

菲利帕·弗塞特（1868—1948）

1890年，学术界性别歧视现象严重，当时的剑桥大学明确表示不给女性授予学位。在这种情况下，弗塞特在剑桥大学数学考试中拔得头筹，证明了在数学方面女性一点儿也不比男性差。后来，弗塞特在剑桥大学任教。过了几年，她离开剑桥，投身教育体系建设，致力于重组升级南非和英国的教育体系。

皮埃尔·德·费马（1601—1665）

费马被称为"业余数学家之王"，他的本职是律师，但在20多岁时，他突然对数学产生了浓厚的兴趣。1637年，费马提出一个数学猜想，他认为当整数 n 大于2时，关于 x, y, z 的方程 $x^n + y^n = z^n$ 没有正整数解。费马没有给出证明，由此这个"费马大定理"成了数学界的不解之谜。许多数学家曾尝试证明这个定理，直到300多年后，英国数学家安德鲁·怀尔斯在1995年证明了费马大定理。

埃瓦里斯特·伽罗瓦（1811—1832）

法国数学家伽罗瓦聪明早慧，学生时代就已展露天资，写下了第一篇数学研究论文。但天才也有苦恼，他发现自己无法适应当时的学术环境，得不到认可，郁郁不得志。后来，伽罗瓦卷入政治运动，在一次决斗中丢了性命，年仅21岁。伽罗瓦在解方程方面的见解自成体系，在数学界影响深远，人们称之为"伽罗瓦理论"。他的一生就像彗星，短暂而闪耀。

约翰·冯·诺依曼（1903—1957）

匈牙利的约翰·冯·诺依曼是名副其实的全才，数学、化学、物理学、计算机等，各个学科都精通。20世纪30年代，他与爱因斯坦一同工作，发表众多重要研究成果，影响力巨大。作为"现代计算机之父"，他设计了现代计算机的内部电路，极大推动了计算机的发展。约翰·冯·诺依曼拥有一个强大的大脑，他可以一心多用，而且非常喜欢有东西干扰他，比如，工作的时候，他会把电视开到最大声……哦，他还热衷于举办各种狂欢派对。

阿玛莉·埃米·诺特（1882—1935）

尽管阿玛莉·埃米·诺特是一位杰出的女数学家，但她的职业生涯很艰难。尽管有顶尖数学家戴维·希尔伯特的支持，当时的哥廷根大学还是不允许女性任教。虽然她后来在哥廷根大学取得了教授称号，不过那只是一种编外教授，没有正式工资……阿玛莉·埃米·诺特在代数方面颇有建树，为爱因斯坦的广义相对论奠定了基础。

亨利·庞加莱（1854—1912）

庞加莱主要和数学、物理学打交道，他的研究范围很广，包括著名的"三体问题"——三个天体在万有引力作用下的运动规律，爱因斯坦的狭义相对论，以及混沌理论。

艾伦·麦席森·图灵（1912—1954）

数学家艾伦·麦席森·图灵的主要成就是"图灵机"和"图灵测试"。图灵机是一种理论上的计算机，图灵测试旨在判断一台机器是否"智能"。如今，随着计算机和人工智能的发展，图灵的设想一步步成为现实。二战期间，图灵还作为密码专家参与并破解了德国恩尼格玛密码。

安德鲁·怀尔斯（1953至今）

10岁的时候，怀尔斯读到了费马大定理。少年初生牛犊不怕虎，面对世纪难题毫不畏惧。1993年，他声称自己已经证明了这个定理，但随后，有数学家指出他犯了一个错误。于是怀尔斯努力修正，可是一年过去了，却毫无进展，正当他要放弃的时候，黑夜终于迎来了光明，他意外地找到了解决方案，一步步攻克了费马大定理。

词汇表

表面积：立体图形所有表面的面积之和。

比值：两个数相比所得的值。

猜想：一个看似为真但尚未得到证明的陈述。若能得到证明，猜想就能升级为"定理"。

代数：代数学的简称，数学的一个分支，用字母代表数来研究数的运算性质和规律，从而把许多实际问题归结为代数方程或方程组。在近代数学中，代数学的研究范围已经由数扩大到多种其他对象。

多边形：三条或三条以上的线段首尾顺次连接构成的平面图形叫作多边形。三角形、四边形和五边形都是多边形。

点：在数学中，点没有长度、面积和体积，是一个"零维物体"。点和线是几何学的基本研究对象。

多面体：四个或四个以上多边形围成的主体。柏拉图实体得名于古希腊哲学家柏拉图，它是规则的凸多面体，包括四面体、六面体、八面体、十二面体以及二十面体。

方程：含有未知数的等式。方程包含已知数和未知数，例如在方程 $x+7=11$ 中，x 是未知数，而根据加法规则，可以得出 $x=4$。

复数：二元有序实数对 (a,b)，记为 $z=a+bi$，这里 a 和 b 是实数，i 是虚数单位。

负数：小于零的数字。零既不是正数也不是负数。

和：数字相加的结果。

合数：大于 1 的非质数自然数。要注意，1 既不是质数，也不是合数。

角度：角的大小。角度的单位一般为"度"，但有时也用"弧度"表示，360 度 $=2\pi$ 弧度。

几何学：从数学角度研究空间图形的形状、大小和位置的相互关系等的学科。

加速度：单位时间内速度的变化，表示速度变化的快慢。

集合：指具有某种特定性质的事物的总体。集合里的成分叫作"元素"。元素可以是任何东西，甚至是另一个集合。集合中元素的顺序并不重要。没有元素的集合叫作"空集"，符号为 ∅。

距离：空间的基本属性之一。距离是空间中两点之间的间隔长度。

空间：物体存在、运动的（有限或无限的）场所，空间可以按维度进行划分，例如二维空间、三维空间等。

立方数：指某一整数的三次方数。例如，64 就是一个立方数，因为它可以分解为 4^3。

模型：数学模型用方程描绘现实世界。一个高质量模型不仅可以准确解释观察结果，还能对未来做出预测。

平方根：x 的平方根 y 指的是满足 $y^2=x$ 的数，即平方结果等于 x 的数。例如 $9=3\times3=3^2$，所以 3 是

9 的平方根。一个正数有两个实平方根，它们互为相反数，负数的平方根是虚数，0 的平方根是 0。

平方数：可以分解为某整数平方的数字，例如，64 是平方数，因为 $8\times8=64$，64 可以分解为整数 8 的平方。

曲面：在一定约束条件下的运动轨迹，如球面、圆柱面。

实数：实数是有理数和无理数的集合。

四边形：有四条边的多边形。所有长方形都是四边形，但不是所有四边形都是长方形。

算术：数学中涉及加、减、乘、除、乘方、开方运算的部分，特别是整数的运算。

速度：距离除以时间就能得到速度。

随机：指随意的、不可预测的。投掷骰子时，每一个数字都是随机的。

体积：一个物体所占空间的大小。

无理数：不能写成两个整数之比的实数，也称作"无限不循环小数"，比如 $\sqrt{2}$ 和 π。无理数的小数点后有无限多个数字，并且没有任何规律。

无限：没有边界。无限不是一个具体数字，无法进行运算。有无限多个自然数，也有无限多个实数，但实数比自然数多得多！

数列：按顺序排列的数字，例

如：1，2，3，2，1。数列中的每个数字称为"项"。数列有无穷多种顺序，例如，序列1, 5, 9, 13…是一个等差数列，每一项之间差额为4；数列 1, 5, 25, 125…是一个等比数列，后一项都是前一项的 5 倍。

虚数：负数的平方根。$\sqrt{-1}$ 叫作虚数单位"i"，所有其他纯虚数都是 i 的倍数。例如，$\sqrt{-49}$ 是 7i，而 $\sqrt{-1/4} = \frac{1}{2}i$。

因式分解：将一个多项式分解为几个整式的乘积。

有理数：有理数是整数（正整数、0、负整数）和分数的统称，是整数和分数的集合。

余数：整数除法中未除尽的部分。例如，$10 \div 3 = 3 \cdots\cdots 1$。余数为 1。

整数：正整数、零、负整数的集合。

正数：大于零的数。零既不是正数也不是负数。

质数：大于 1 的且只能被自身和 1 整除的自然数。

周期性：指以某种规律重复。例如摆锤的摆动、吉他弦的振动。

子集：某个集合中的一部分。

自然数：0 和正整数都是自然数。现在，0 也逐渐归为自然数。

坐标：能够确定一个点在空间的位置的一个或一组数，就叫作这个点的坐标。在二维空间中，坐标由数字构成，比如说，在地图上坐标就表示为（1，5），在三维空间中，确定一个位置需要三个坐标值。

索引